Rudolf Elsner

Nichtlineare Schaltungen

Grundlagen, Berechnungsmethoden, Anwendungen

Mit 113 Abbildungen

Springer-Verlag
Berlin Heidelberg New York 1981

Dr.-Ing. RUDOLF ELSNER

Professor, Institut für Nachrichtentechnik,
Technische Universität Braunschweig

Dr.-Ing. HANS MARKO

o. Professor, Lehrstuhl für Nachrichtentechnik
Technische Universität München

CIP-Kurztitelaufnahme der Deutschen Bibliothek
Elsner, Rudolf:
Nichtlineare Schaltungen: Grundlagen, Berechnungen, Anwendungen/
Rudolf Elsner. - Berlin, Heidelberg, New York: Springer, 1981.
(Nachrichtentechnik; Bd. 8)

ISBN-13: 978-3-540-10477-3   e-ISBN-13: 978-3-642-81562-1
DOI: 10.1007/978-3-642-81562-1

2362/3020 5 4 3 2 1 0

Nachrichtentechnik
Herausgegeben von H. Marko
Band 8

Vorwort

Dieses Buch befaßt sich mit nichtlinearen Schaltungen. Eine Schaltung ist eine Zusammenfügung von Bauelementen. Bauelemente sind Widerstände, Induktivitäten, Kapazitäten, Übertrager, Leitungen, Spannungs- und Stromquellen sowie Elektronenröhren, Transistoren oder Operationsverstärker als Steuerelemente. Das Verhalten der Bauelemente in der Schaltung wird durch ihre Kennlinie oder Übertragungseigenschaften bestimmt. Wenn das Verhältnis der Spannung am Bauelement zu dem Strom durch das Bauelement unabhängig von dieser Spannung oder diesem Strom ist, bezeichnet man das Element als linear, wenn es abhängig ist als nichtlinear. Dies gilt genau genommen nur für Widerstände, Induktivitäten und Kapazitäten. Bei den anderen Bauelementen ist die Proportionalität zwischen Ausgangs- und Eingangsgröße das Kennzeichen der Linearität. Ihr Fehlen kennzeichnet die Nichtlinearität. Eine Schaltung heißt nichtlinear, wenn sie mindestens <u>ein</u> nichtlineares Bauelement enthält. Die Zusammenfügung der Bauelemente bezeichnet man auch als Netzwerk. Treten in der Schaltung nur Gleichstrom- oder Gleichspannungsquellen auf, so wird sie als Gleichstromnetzwerk bezeichnet. Treten auch Quellen mit zeitlich periodischem Verlauf der Ausgangsgrößen auf, so wird diese Schaltung als Wechselstromnetzwerk bezeichnet.

Nach einigen grundlegenden Betrachtungen (Kap. 1 und 2) werden Verfahren zur Analyse von Gleichstrom- (Kap. 3) und Wechselstromnetzwerken (Kap. 4) gezeigt. Dabei wird als Analyse die Bestimmung der Ströme und Spannungen im Netzwerk bezeichnet. In Kap. 5 werden Methoden zur Bestimmung des Einschwingverhaltens nichtlinearer Schaltungen dargestellt. Eine Theorie nichtlinearer Systeme mit beliebigem Eingangssignal bringt Kap. 6. Dabei wird als System ein Netzwerk bezeichnet, dessen Schaltungsaufbau im einzelnen unbekannt bleiben kann und dessen lineares und nichtlineares Verhalten durch geeignete Gewichtsfunktionen beschrieben wird. Kap. 7 und 8 weisen auf Ansätze zur Berechnung von Ausbreitungsvorgängen auf Leitungen und des Übertragungsverhaltens von Vierpolen hin, wenn die Eigenschaften dieser Elemente oder Schaltungen nichtli-

near sind. Wellenausbreitungsvorgänge in nichtlinearen Medien werden
nicht behandelt. Die nächsten beiden Kapitel befassen sich mit Anwendungen und Störwirkungen nichtlinearer Bauelemente. Das letzte Kapitel
zeigt die Wirkung nichtlinearer Kennlinien auf die statistischen Eigenschaften stochastischer Signale.

Zeitlich konstante Größen werden in der Regel mit Großbuchstaben, zeitlich veränderliche mit Kleinbuchstaben bezeichnet. Unabhängig davon, ob
das Bauelement linear oder nichtlinear ist, ergibt sich aus der elektrischen Ladung q der Strom i = dq/dt und aus dem magnetischen Windungsfluß ψ die Spannung u = dψ/dt. In einer Liste am Ende des Buches werden
einige Literaturstellen angegeben, die spezielle Probleme nichtlinearer
Schaltungen, z.T. ausführlicher als in diesem Buch möglich, behandeln.

Der Inhalt dieses Buches ist aus der Vorlesung "Nichtlineare Elektrotechnik" entstanden. Bauelemente mit nichtlinearer Kennlinie sind in der
Elektrotechnik, insbesondere in der Nachrichten- und Hochfrequenztechnik
seit ihren Anfängen bekannt. Solche Kennlinien treten nicht nur als stö-
rende Abweichungen von der Linearität auf, sondern werden in vielfälti-
gen Anwendungen eingesetzt. Daher sind in der Elektrotechnik eine große
Zahl von Methoden entwickelt worden, um Schaltungen mit nichtlinearen
Bauelementen rechnerisch erfassen und ihre Eigenschaften angeben zu
können.

Dieses Buch versucht, diese Methode in einen Zusammenhang zu stellen.
Diesen Zusammenhang liefern die in der Elektrotechnik weit entwickelten
linearen Berechnungsmethoden, so daß der lineare Fall sich hier jeweils
als einfachster Grenzfall der nichtlinearen Beschreibung ergibt. Das
Buch ist daher weder anwendungsorientiert, noch betont es die mathematischen Lösungen der nichtlinearen Probleme, sondern beschreibt und be-
gründet Methoden und zeigt ihre Anwendbarkeit an speziell ausgesuchten
Fällen. Eine Reihe dieser Anwendungen wurden von meinen Mitarbeitern
untersucht, denen hier mein besonderer Dank gilt.

Am Schluß dieses Vorworts möchte ich nicht unerwähnt lassen, daß meine
verehrten Lehrer Herr Prof. Dr.-Ing. Dr.-Ing. e.h. L. Pungs und Herr
Prof. Dr.-Ing. F. Kirschstein mich zur Beschäftigung mit dem Gebiet der
nichtlinearen elektrischen Schaltungen angeregt haben, da sie als Nach-
richtentechniker von seiner Bedeutung überzeugt waren.

Braunschweig, im Winter 1980/81   R. Elsner

Inhaltsverzeichnis

1 Bauelemente mit nichtlinearen Kennlinien

In einer elektrischen Schaltung bestimmen die Bauelemente durch ihre
Kennlinie die Größen der elektrischen Ströme und Spannungen im Netz-
werk. Die Bauelemente werden wie in linearen Schaltungen klassifiziert.
Die kennzeichnenden Kennlinien sind nichtlinear. Als Kennliniengrößen
sollen nicht die des im Bauelement auftretenden elektromagnetischen
Feldes, sondern die integralen Größen, wie Strom I, Spannung U, La-
dung Q usw. benutzt werden, die auch die geometrischen Abmessungen des
Bauelementes enthalten.

1.1 Bauelemente

Folgende Bauelemente treten in den elektrischen Schaltungen auf:

$$\text{Widerstand R, Induktivität L, Kapazität C,}$$
$$\text{Steuerelemente und Quellen.}$$

Der Widerstand R wird als nichtlineares Bauelement mit dem Symbol nach
Bild 1.1 wiedergegeben.

Er wird durch die Kennlinie $I = f(U)$ oder $U = f(I)$ beschrieben, wobei
I der Strom durch den Widerstand und U der entstehende Spannungsabfall
sind.

Die Induktivität L wird als nichtlineares Bauelement mit dem Symbol
nach Bild 1.2 wiedergegeben.

Sie wird durch die Kennlinie $\Psi = f(I)$ oder $I = f(\Psi)$ beschrieben. Ψ
ist der magnetische Windungsfluß, für den $\Psi = N \cdot A \cdot B$ mit N als Win-
dungszahl der Induktivität, A als Querschnittsfläche des magnetischen Flusses und B als Induktion im magnetischen Feld der Induktivität gilt. I ist der Strom durch die Wicklung der Induktivität.

Die Kapazität C wird als nichtlineares Bauelement mit dem Symbol nach Bild 1.3 wiedergegeben.

Sie wird durch die Kennlinie $Q = f(U)$ oder $U = f(Q)$ beschrieben. Q ist die Ladung auf den Platten des Kondensators mit der Kapazität C und U die Spannung an den Platten.

Bild 1.1 Symboldarstellung eines nichtlinearen Widerstandes

Bild 1.2 Symboldarstellung einer nichtlinearen Induktivität

Bild 1.3 Symboldarstellung einer nichtlinearen Kapazität

Steuerelemente werden als nichtlineare Bauelemente durch die Kennlinien $I_2 = f(U_1)$, $I_2 = f(I_1)$, $U_2 = f(I_1)$ oder $U_2 = f(U_1)$ beschrieben. Sie treten auf als Elektronenröhre mit $I_2 = f(U_1)$, wobei U_1 die steuernde Gitterspannung und I_2 der Anodenstrom sind, oder als Transistor mit $I_2 = f(I_1)$, wobei I_1 der steuernde Emitter- oder Basisstrom und I_2 der Kollektorstrom sind. Nichtlineare Steuerelemente werden in einer Schaltung mit ihren nichtlinearen Eigenschaften nur wirksam, wenn sie nicht rückwirkungsfrei sind. Sonst erscheint die gesteuerte Größe als Quelle in dem anschließenden Netzwerk und die steuernde Größe als meistens nichtlineare Last in ihrem Netzwerk. Die Auswirkungen nichtlinearer Steuerelemente werden daher in diesem Buch nicht behandelt. Eine ausführliche Darstellung dieser Probleme findet sich in [1].

Quellen lassen sich nicht in lineare und nichtlineare Bauelemente aufteilen. Sie liefern einen Strom oder eine Spannung bestimmter Größe und bestimmten zeitlichen Verlaufes. Sie können nur durch ihren Innenwiderstand nichtlineare Eigenschaften bekommen.

Komplexere Bauelemente wie Übertrager, Leitungen, Vierpole u.a.m. lassen sich nur schwer als Einheit behandeln. Über die Behandlung solcher Systeme, wenn nichtlineare Erscheinungen auftreten, wird einiges in den Kapiteln 6 bis 8 gesagt werden.

Die nichtlinearen Kennlinien der Zweipole R, L und C entstehen im wesentlichen durch nichtlineare Werkstoffeigenschaften. Bei Widerständen ist es die Leitfähigkeit $\varkappa$, die bei Metallen über die Temperatur-

abhängigkeit, bei Halbleitern durch den pn-Übergang, bei Lichtbogen
oder Vakuumdioden durch den Leitungsmechanismus nichtlinear wird. $\varkappa$
und damit der Widerstand R sind vom durchfließenden Strom oder der an-
liegenden Spannung abhängig. Bei Induktivitäten und Kapazitäten erzeugen die Sättigungseigenschaften der Ferromagnetika oder Ferroelektrika die Nichtlinearität. Eine Sonderstellung nimmt die Kapazitätsdiode ein, deren Nichtlinearität dadurch entsteht, daß die Weite der
Sperrschicht von der angelegten Spannung abhängt.

1.2 Kennlinien

Die nichtlinearen Kennlinien lassen sich unterteilen in

> symmetrische mit $f(x) = -f(-x)$ und unsymmetrische
> Kennlinien mit $f(x) \neq -f(-x)$, wobei x für jede
> elektromagnetische Größe steht,
>
> eindeutige und hysteresebehaftete Kennlinien,
>
> Kennlinien mit und ohne instabile Äste, wobei in-
> stabil $df(x)/dx < 0$ bedeutet.

Nichtlinearitäten, die durch Temperaturabhängigkeiten entstehen, haben stets symmetrische Kennlinien. Hysterese tritt bei den Sättigungs-
erscheinungen der Ferromagnetika und Ferroelektrika sowie bei Licht-
bogenkennlinien auf, da die Kennlinie vom Zustand des Bauelementwerk-
stoffes abhängt, der vorher vorhanden war. Kennlinien mit Hysterese
werden nur am Rande behandelt. Kennlinien mit instabilen Ästen treten
im Lichtbogen und bei Tunneldioden auf. Darauf wird bei einigen Anwendungen hingewiesen.

Unter den nichtlinearen Widerständen hat der pn-Übergang oder die Halb-
leiterdiode wesentliche Bedeutung. Diese Nichtlinearität läßt sich durch
eine der in Bild 1.4 bis 1.6 dargestellten Kennlinien mit den Gleichungen 1.1 bis 1.3 wiedergeben.

$$I = I_O \left[\exp(U/U_T) - 1 \right] \tag{1.1}$$

$$I = a \cdot U^2 \quad \text{bei} \quad U > O$$
$$I = O \qquad \text{bei} \quad U < O \tag{1.2}$$

$$I = S \cdot U \quad \text{bei} \quad U > O$$
$$I = \frac{1}{R} \cdot U \quad \text{bei} \quad U < O \tag{1.3}$$

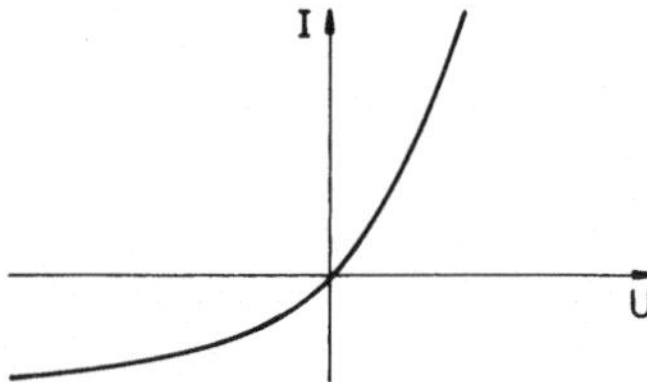

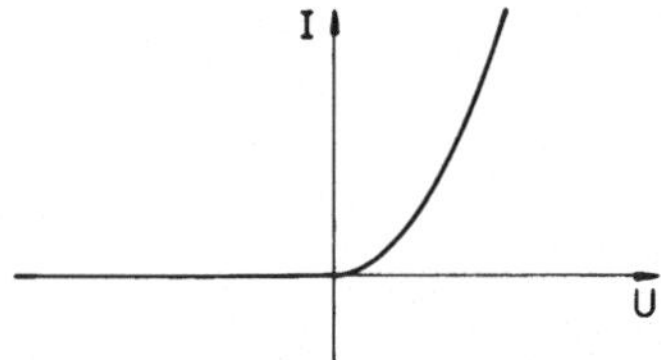

Bild 1.4 Diode mit Exponential-   Bild 1.5 Diode mit quadratischer
        kennlinie   Kennlinie

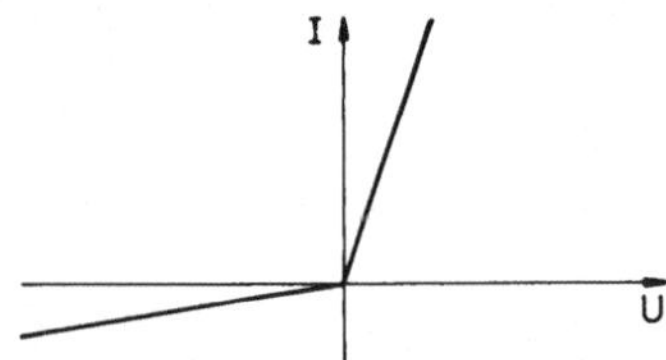

Bild 1.6 Diode mit Knickkennlinie

Der Fall, daß in Bild 1.6 der Knick nicht bei U = O liegt, läßt sich
meistens leicht berücksichtigen.

Bei nichtlinearen Induktivitäten wird die Spule mit ferromagnetischem
Kern durch Kennlinien nach Bild 1.7 bis 1.9 mit den Gleichungen 1.4
und 1.5 wiedergegeben werden:

$$I = K_n \cdot \psi^n \quad \text{mit} \quad n = 3 \text{ und } 5 \tag{1.4}$$

$$\psi = a \cdot I \quad \text{bei} \quad |I| < I_S$$
$$\psi = \pm \psi_S \quad \text{bei} \quad |I| > I_S \tag{1.5}$$

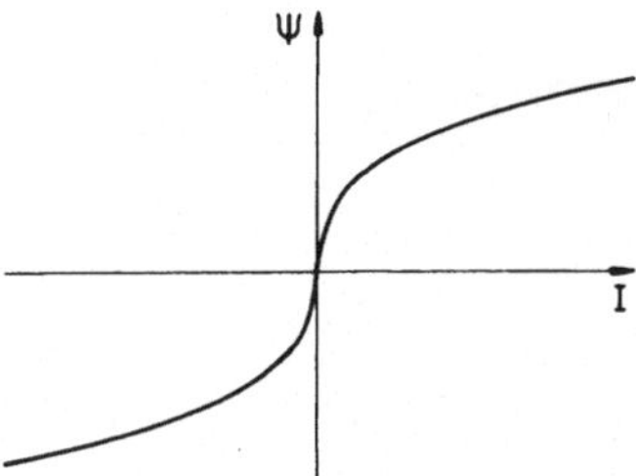

Bild 1.7 Induktivität mit
         Potenzkennlinie

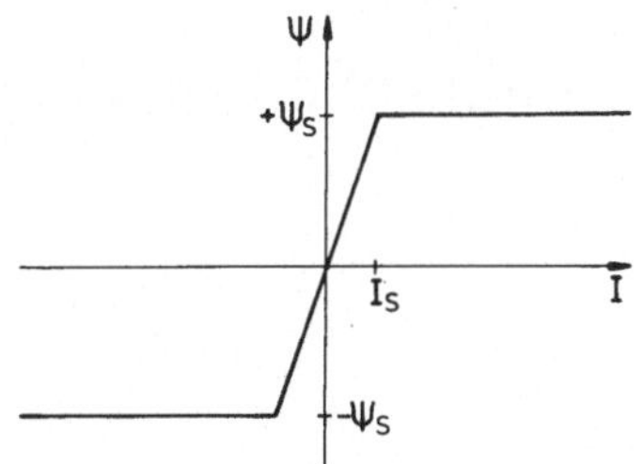

Bild 1.8 Induktivität mit
         geknickter Magne-
         tisierungskennlinie

Bild 1.9 Induktivität mit
         Hysteresekennlinie

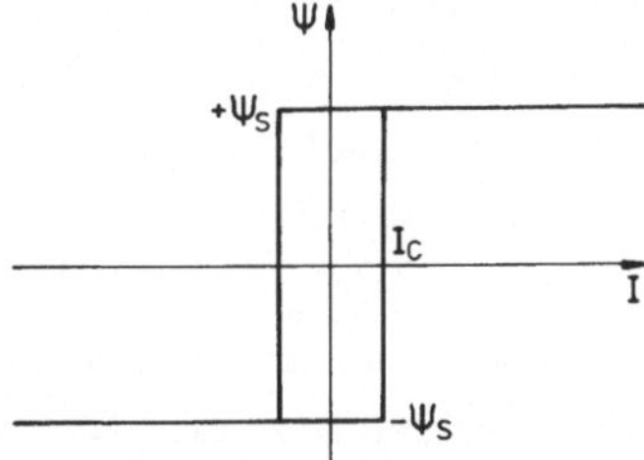

Unter den nichtlinearen Kapazitäten hat die Kapazitätsdiode wesentliche Bedeutung. Ihre Nichtlinearität soll nur für den Fall des abrupten
pn-Übergangs angegeben werden:

$$U = \frac{1}{C_0}\left(Q - \frac{Q^2}{4C_0\varphi} \right) \tag{1.6}$$

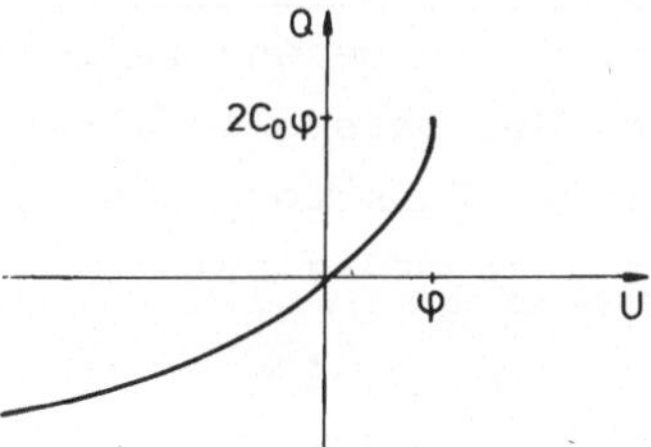

Bild 1.10 Kennlinie einer
          Kapazitätsdiode

In Einzelfällen werden auch noch andere Kennlinien Anwendung finden.

Auf die Kennlinien von Steuerelementen wird an dieser Stelle nicht eingegangen. Diese Probleme werden ausführlich in [1] behandelt. Von besonderer Bedeutung sind dabei spezielle nichtlineare Bauelemente, aufge-
baut in Halbleitertechnik, wie Multiplizierer, Logarithmierer, Kompara-
toren und ähnliches mehr. Eine Darstellung solcher Bauelemente findet
man in [4].

2 Mathematische Erfassung nichtlinearer Kennlinien

Nichtlineare Kennlinien werden durch mathematische Funktionen dargestellt, die mit Dimensionen behaftete Koeffizienten besitzen. Daher
ist es zweckmäßig, nichtlineare Kennlinien normiert darzustellen, z.B.
$I/I_1 = f(U/U_1)$.

Dann werden alle Koeffizienten dimensionslos. Künftig ist diese Nor-
mierung stets vorausgesetzt, so daß die Größen I, U, Ψ, Q, R, L, C dimensionslos sind. Bei Größen, die durch Differenzieren nach der Zeit
gebildet werden, wird auch die Zeit normiert. Dann sind auch die Zeit
und die Frequenz dimensionslose Größen.

Nichtlineare Kennlinien werden aus Messungen oder physikalischen Gesetzmäßigkeiten hergeleitet. Die sich ergebenden Verläufe werden meistens durch einfache mathematische Funktionen angenähert. Die Koeffizienten der mathematischen Funktion lassen sich nach dem <u>Prinzip des
kleinsten quadratischen Fehlers</u> festlegen. Eine Festlegung der Koeffizienten ist besonders leicht nach einer <u>Rektifikation</u> durchzuführen.
Neben der Darstellung einer nichtlinearen Kennlinie durch eine mathematische Funktion kann auch ihre Erfassung durch eine <u>harmonische Ana-
lyse</u> zweckmäßig sein.

2.1 Prinzip des kleinsten quadratischen Fehlers

Die nichtlineare Kennlinie sei durch die Funktion $y = f(x)$ mit den $n+1$
unbekannten Koeffizienten a_ν, $\nu = 0 \ldots n$ erfaßt. Von der Kennlinie wurden m Punkte x_μ, y_μ gemessen. Dann läßt sich die Summe der quadratischen Abweichungen zwischen Meßwerten x_μ, y_μ und Funktionswerten $y = f(x_\mu)$
angeben zu

$$\overline{\varepsilon^2} = \sum_{\mu=1}^{m} \left[f\left(x_\mu, a_0, \ldots, a_n\right) - y_\mu \right]^2 \ . \tag{2.1}$$

Der Fehler $\overline{\varepsilon^2}$ wird minimal, wenn die n+1 Gleichungen $\partial\overline{\varepsilon^2}/\partial a_\nu = 0$ erfüllt sind. Daraus lassen sich die n+1 Koeffizienten a_ν berechnen. Die Berechnung wird besonders einfach, wenn die Funktion f(x) ein Polynom n-ten Grades ist; dann ist das Gleichungssystem für die Koeffizienten a_ν linear.

Beispiel 1:

Meßwerte

x_μ	0	1	2	3
y_μ	1	4	9	16

, Kennlinienfunktion $y = a_1 x + a_0$

Fehler

$$\overline{\varepsilon^2} = \sum_{\mu=1}^{4} \left(a_1 x_\mu + a_0 - y_\mu\right)^2$$

$$\partial\overline{\varepsilon^2}/\partial a_1 = 2 \sum_{\mu=1}^{4} \left(a_1 x_\mu + a_0 - y_\mu\right) x_\mu = 0$$

$$\partial\overline{\varepsilon^2}/\partial a_0 = 2 \sum_{\mu=1}^{4} \left(a_1 x_\mu + a_0 - y_\mu\right) = 0$$

$$a_1 \sum x_\mu^2 + a_0 \sum x_\mu - \sum x_\mu y_\mu = 0$$

$$a_1 \sum x_\mu + 4 \cdot a_0 - \sum y_\mu = 0$$

$$14 \cdot a_1 + 6 \cdot a_0 - 70 = 0 \qquad a_1 = 5$$

$$6 \cdot a_1 + 4 \cdot a_0 - 30 = 0 \qquad a_0 = 0$$

Bild 2.1 zeigt das Ergebnis.

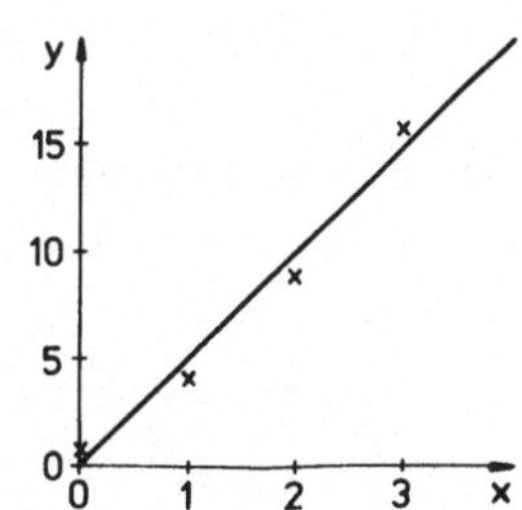

Bild 2.1 Darstellung zu Beispiel 1

Die Zahl der Meßpunkte m ist unabhängig von der Anzahl der Koeffizienten a_ν. Eine große Zahl m verbessert die Güte der Näherung.

2.2 Rektifikation

Um aus Meßpunkten leicht eine Kennlinienfunktion ermitteln zu können, strebt man an, die Kennlinie als Gerade darzustellen. Hierunter fallen z.B. alle logarithmischen Darstellungen. Allgemein bedeutet Rektifikation, aus den Kennliniengrößen x, y neue Größen X, Y abzuleiten, so daß sich eine Gerade Y = aX+b ergibt. Dabei sind die Transformationsfunktionen $X = f_x(x,y)$ und $Y = f_y(x,y)$ geeignet zu bestimmen.

2.2.1 Logarithmische Rektifikation

Bei der logarithmischen Rektifikation lauten die Kennliniengleichung y = p·exp(kx)+q und die Transformationsfunktionen

$$Y = \ln(y-q) \quad , \quad X = x \ .$$

Bei Y = aX+b ist dann a = k, b = ln p. Aus Meßpunkten x_μ, y_μ werden Werte X_μ, Y_μ berechnet und aufgetragen. Die Gerade Y = aX+b läßt sich leicht aus dem minimalen quadratischen Fehler berechnen oder auch grafisch mit einem Lineal durch Abschätzen der Abweichungen bestimmen. Aus a und b folgen sofort die Werte der Koeffizienten k und p. Nur den Wert q muß man vorher wissen. Er läßt sich nach folgendem Verfahren berechnen. Drei Meßwerte x_1, x_2, x_3 werden so gewählt, daß $x_3 = \frac{1}{2}(x_1+x_2)$ ist. Dann gilt $q = (y_1 y_2 - y_3^2)/(y_1 + y_2 - 2y_3)$.

2.2.2 Doppellogarithmische Rektifikation

Bei der doppellogarithmischen Rektifikation lauten die Kennliniengleichung $y = p·x^n+q$ und die Transformationsfunktionen

$$Y = \ln(y - q), \quad X = \ln x \ .$$

Bei $Y = aX+b$ ist dann $a = n$, $b = \ln p$. Auch hier lassen sich nach Auftragung der Werte X_μ, Y_μ die Koeffizienten n und p bestimmen. Für den Wert q muß man vorher drei Meßwerte x_1, x_2, x_3 so wählen, daß $x_3 = \sqrt{x_1 x_2}$ gilt. Dann ergibt sich wieder $q = \left(y_1 y_2 - y_3^2\right)/\left(y_1 + y_2 - 2y_3\right)$.

2.2.3 Rektifikation quadratischer Parabeln

Bei der quadratischen Parabel lauten die Kennliniengleichung $y = a_2 x^2 + a_1 x + a_0$ und die Transformationsfunktionen

$$Y = (y - y_1)/(x - x_1), \quad X = x .$$

Bei $Y = aX + b$ ist dann $a = a_2$, $b = a_2 x_1 + a_1$. Dabei ist x_1, y_1 ein beliebig gewählter Meßwert. So ergibt sich für das Beispiel von S.8 bei Annahme einer quadratischen Parabel und Rektifikation auf den Wert $x_1 = 1$, $y_1 = 4$:

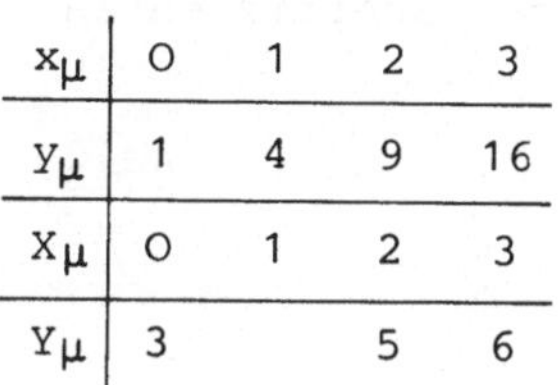

x_μ	0	1	2	3
y_μ	1	4	9	16
X_μ	0	1	2	3
Y_μ	3		5	6

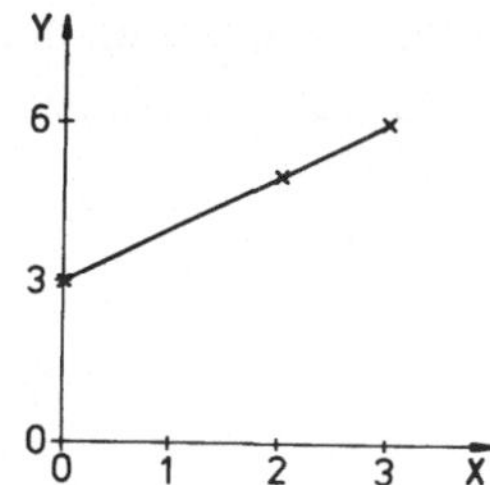

Daraus folgt $a_2 = 1$, $a_1 = 3 - 1 \cdot 1 = 2$. Der Koeffizient a_0 läßt sich aus den Meßwerten x_μ, y_μ anschließend berechnen zu

$$a_0 = \frac{1}{m}\left(\sum_1^m y_\mu - a_2 \sum_1^m x_\mu^2 - a_1 \sum_1^m x_\mu\right) = \frac{1}{4}\left(30 - 1 \cdot 14 - 2 \cdot 6\right) = 1$$

Die Parabel $y = x^2 + 2x + 1$ geht gerade durch alle vier Meßpunkte.

2.2.4 Rektifikation von Hyperbeln

Bei der Hyperbel lauten die Kennliniengleichung $y = k_1 x/(k_2 x - k_3)$ und die Transformationsfunktionen

$$Y = 1/y, \quad X = 1/x .$$

Bei $Y = aX + b$ ist dann $a = -k_3/k_1$, $b = k_2/k_1$. Hier gelingt die Rektifikation ohne Hilfsmaßnahmen. Von den Konstanten k_1, k_2, k_3 werden nur die aus a und b bestimmten Verhältnisse benötigt.

2.3 Harmonische Analyse

Die Funktion, die eine nichtlineare Kennlinie darstellt, kann auch durch
Fourierkoeffizienten erfaßt werden. In der Funktion $y = f(x)$ wird die
unabhängige Veränderliche durch das zeitabhängige Signal

$$x(t) = \hat{x} \cdot \cos(\omega t) = \frac{1}{2} \hat{x} \left[\exp(j\omega t) + \exp(-j\omega t) \right] \qquad (2.2)$$

dargestellt. Dann ergeben sich für die abhängige Veränderliche y die
Fourierkoeffizienten

$$c_n = \frac{1}{T} \int_0^T f\left[x(t)\right] \cdot \exp(-jn\omega t)\, dt \qquad \text{mit} \qquad T = 2\pi/\omega \;. \qquad (2.3)$$

Ist $f(x)$ ein Polynom, so lassen sich die auftretenden Potenzen von
$\cos(\omega t)$ in cos-Schwingungen des Vielfachen von ωt umrechnen. Dabei ergeben sich die Fourierkoeffizienten c_n aus den Koeffizienten des Poly-
noms.

Für eindeutige Funktionen $f(x)$ ist $c_n = c_{-n}$ eine reelle Größe und es
gilt

$$y(t) = y_0 + \sum_1^\infty \hat{y}_n \cdot \cos(n\omega t) \quad \text{mit} \quad y_0 = c_0 \quad \text{und} \quad \hat{y}_n = 2c_n \qquad (2.4)$$

Für einen gebrochenen Geradenzug als Funktion $y = f(x)$ nach Bild 2.2
ergibt sich mit $x(t) = x_0 + \hat{x} \cdot \cos(\omega t)$ und $\cos(\omega \tau) = (x_k - x_0)/\hat{x}$

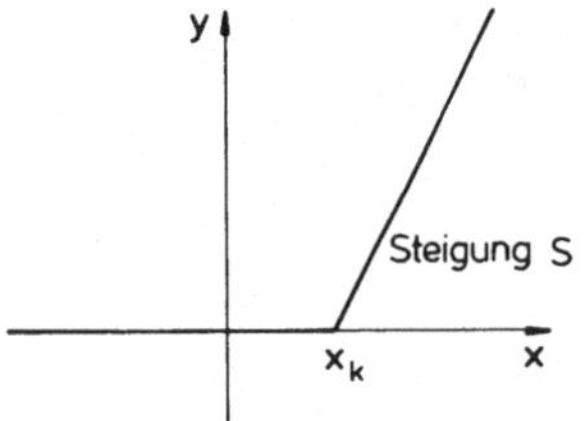

Bild 2.2 Geradlinig gebrochener
Linienzug

$$\hat{y}_n = \frac{2}{\pi} S\, \frac{\sin(n\omega\tau) \cdot \cos(\omega\tau) - n \cdot \cos(n\omega\tau) \cdot \sin(\omega\tau)}{n(n^2 - 1)} \qquad (2.5)$$

dabei wird

$$y_0 = \frac{2}{\pi} S \left[\sin(\omega\tau) - \omega\tau \cdot \cos(\omega\tau) \right] \;, \qquad \hat{y}_1 = \frac{1}{2\pi} S \left[2\omega\tau - \sin(2\omega\tau) \right] \;. \qquad (2.6)$$

Das Integral (Gl. (2.3)) für die Fourierkoeffizienten läßt sich auch
numerisch lösen. Das ist besonders dann wichtig, wenn $y = f(x)$ nicht
als Funktion, sondern als Meßpunktfolge vorliegt. Für die Argumente
$\omega t = 2\pi k/m$ liegen aus der Meßpunktfolge für $x(2\pi k/m)$ die Werte $y(2\pi k/m)$
vor. Dann gehören mit $k = 1$ bis m zur Periode T m Werte von y und es
gilt

$$
\begin{aligned}
c_n &= \frac{1}{T} \int_{T/2m}^{T+T/2m} y(t) \cdot \exp(-jn\omega t)\ dt \\[2mm]
&= \frac{1}{T} \sum_{k=1}^{m} \int_{\frac{T}{m}\left(k-\frac{1}{2}\right)}^{\frac{T}{m}\left(k+\frac{1}{2}\right)} y(t) \cdot \exp(-jn\omega t)\ dt
\end{aligned}
\qquad (2.7)
$$

Für die kurzen Zeitabschnitte T/m kann näherungsweise $y(t) = y(2\pi k/m)$
gesetzt werden, dann ergibt sich

$$
c_n = \frac{1}{\omega T} \sum_{k=1}^{m} y\left(\frac{2\pi k}{m}\right) \int_{\frac{\omega T}{m}\left(k-\frac{1}{2}\right)}^{\frac{\omega T}{m}\left(k+\frac{1}{2}\right)} \exp(-jn\omega t)\ d\omega t
$$

$$
c_n = \sum_{k=1}^{m} y\left(\frac{2\pi k}{m}\right) \frac{1}{j2\pi n} \left\{ \exp\left[-j2\pi\frac{n}{m}\left(k-\frac{1}{2}\right)\right] - \exp\left[-j2\pi\frac{n}{m}\left(k+\frac{1}{2}\right)\right] \right\}
$$

$$
c_n = \frac{1}{m} \sum_{k=1}^{m} y\left(\frac{2\pi k}{m}\right) \exp\left(-j2\pi n\frac{k}{m}\right) \operatorname{si}\left(\pi\frac{n}{m}\right)
\qquad (2.8)
$$

Die oben eingeführte Näherung gilt nur für $m \gg 1$, dann gilt aber für
kleine Werte von n, daß der Faktor $\operatorname{si}(\pi n/m) \approx 1$ ist.

<u>Beispiel 2</u>:

$$y = (x+1)^2 \;,\; x(t) = 2 + 2\cos(\omega t) \;,\; m = 4$$

k	1	2	3	4
$x(2\pi k/m)$	2	0	2	4
$y(2\pi k/m)$	9	1	9	25

$$c_0 = \frac{1}{4}\left(9 + 1 + 9 + 25\right) = 11$$

$$c_1 = \frac{1}{4}\left(9\cdot\exp\left(-j\frac{\pi}{2}\right) + 1\cdot\exp(-j\pi) + 9\cdot\exp\left(-j\frac{3}{2}\pi\right) + 25\right)$$

$$c_1 = \frac{1}{4}\left(-j9 - 1 + j9 + 25\right) = 6$$

c_2 ist schon nicht mehr berechenbar, da bei $n = 2$ und $m = 4$
die Näherungen unzureichend sind.

Für manche Kennlinien ist die Messung $y = f(x)$ schwierig durchzuführen,
aber $f'(x) = dy/dx$ ist leichter zu erhalten. Das gilt z.B. für die Kennlinie $Q = f(U)$ einer nichtlinearen Kapazität. Hier ist die Kapazität
$C = dQ/dU$ leicht zu messen. Nun lassen sich aus der harmonischen Analyse von $f'(x)$ die Fourierkoeffizienten der Funktion $f(x)$ bestimmen. Bei
$x(t) = \hat{x}\cdot\cos(\omega t)$ ergeben sich die Fourierkoeffizienten von $f'\left[x(t)\right]$ zu

$$c_n' = \frac{1}{T} \int_0^T f'\left[x(t)\right]\cdot\exp(-jn\omega t)\, dt \tag{2.9}$$

und für die Fourierkoeffizienten von $f\left[x(t)\right]$ gilt

$$c_n = \frac{1}{T} \int_0^T f\left[x(t)\right]\cdot d\left[\exp(-jn\omega t)\right]/(-jn\omega)$$

$$c_n = \frac{1}{T} \int_0^T \frac{\exp(-jn\omega t)}{jn\omega}\, f'\left[x(t)\right]\, \frac{dx}{dt}\, dt$$

$$c_n = \frac{1}{T} \int_0^T f'\left[x(t)\right]\cdot\frac{\hat{x}}{2n}\left\{\exp\left[-j(n-1)\omega t\right] - \exp\left[-j(n+1)\omega t\right]\right\}\, dt$$

$$c_n = \frac{\hat{x}}{2n}\left(c_{n-1}' - c_{n+1}'\right) \tag{2.10}$$

Diese Beziehung gilt nur für $n \neq 0$, zumal der Koeffizient c_0 in $f'(x)$
nicht enthalten sein kann.

3 Analyse von Gleichstromnetzwerken

Gleichstromnetzwerke enthalten nur lineare und nichtlineare Widerstände und Spannungs- und Stromquellen. Nach einer Zusammenstellung von Regeln über Ströme und Spannungen in einem Netzwerk, die sowohl für lineare wie nichtlineare Bauelemente gelten, werden vor allem grafische Methoden zur Bestimmung von Strömen und Spannungen in einem Netzwerk mit nichtlinearen Widerständen vermittelt [2]. .

3.1 Regeln zur Analyse

3.1.1 Allgemeine Regeln

Die Kirchhoffschen Sätze $\Sigma I = 0$ für einen Knoten im Netzwerk und $\Sigma U = 0$ für eine Masche im Netzwerk gelten unabhängig davon, ob die Bauelemente linear oder nichtlinear sind. Es gelten aber bei nichtlinearen Bauelementen das Ohmsche Gesetz und das Überlagerungsprinzip nicht mehr.

3.1.2 Zusammenschaltung nichtlinearer Widerstände

Nichtlineare Widerstände können zu einem Widerstand zusammengefaßt werden. Bild 3.1 zeigt die Reihenschaltung, Bild 3.2 die Parallelschaltung zweier Widerstände.

Diese Zusammenfassungen lassen sich stufenweise fortsetzen. Sie gelten natürlich auch, wenn Widerstände linear sind. Mit den Regeln von Abschnitt 3.1.1 und 3.1.2 lassen sich Ströme und Spannungen in Netzwerken berechnen.

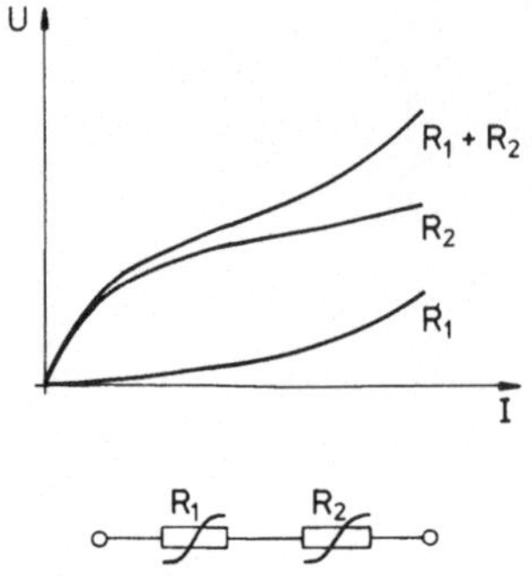

Bild 3.1 Reihenschaltung

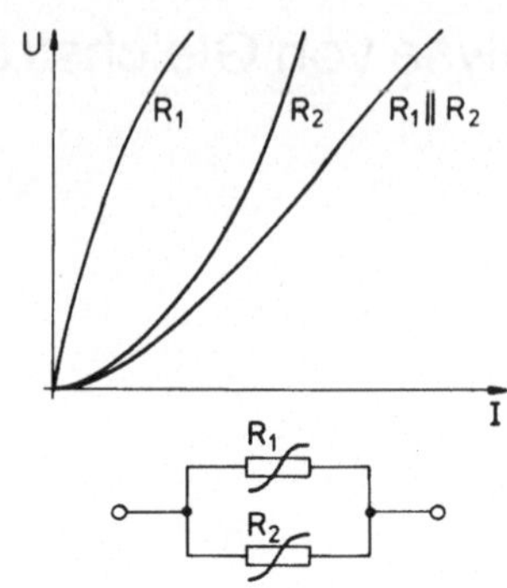

Bild 3.2 Parallelschaltung

<u>Beispiel 3</u>:

Reihen-Parallel-Schaltung

Für eine Schaltung nach Bild 3.3 lauten die Kennlinienfunktionen $U_1 = \frac{1}{2}I_1^2$ für den Widerstand R_1, $U_2 = I_2^2$ für den Widerstand R_2 und $U_3 = \sqrt{I_3}$ für den Widerstand R_3. Die Schaltung wird gespeist mit der Spannung $U_O = 3$. In Bild 3.4 wird zunächst für die Parallelschaltung R_2 mit R_3 die Kennlinie $I(U_P)$ mit $U_P = U_2 = U_3$ konstruiert und daraus mit R_1 die Kennlinie $I = f(U)$. Aus dem Bild 3.4 läßt sich für $U_O = 3$ das Ergebnis mit $I_1 = 2$, $U_P = 1$, $I_2 = 1$ und $I_3 = 1$ ablesen.

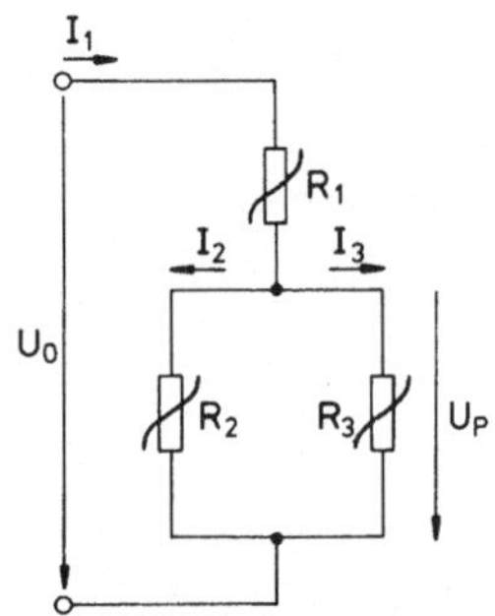

Bild 3.3 Reihen-Parallel-Schaltung

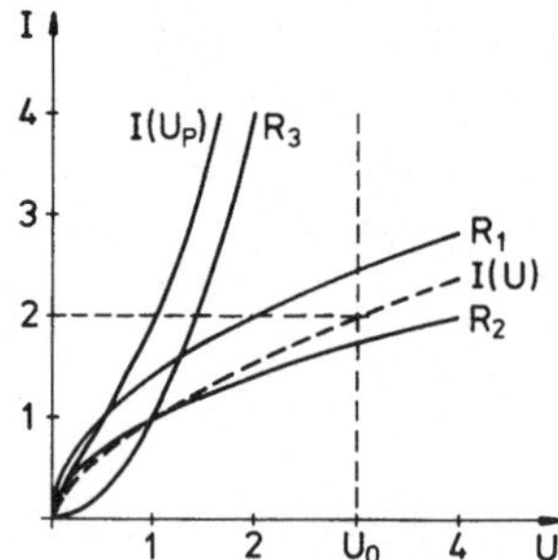

Bild 3.4 Analyse der Reihen-Parallel-Schaltung

<u>3.1.3 Aktive nichtlineare Zweipole</u>

Für einen passiven nichtlinearen Zweipol muß die Kennlinie durch den Punkt $U = 0$, $I = 0$ gehen. Ein aktiver nichtlinearer Zweipol wird durch eine Kennlinie wie in Bild 3.5 oder Bild 3.6 dargestellt.

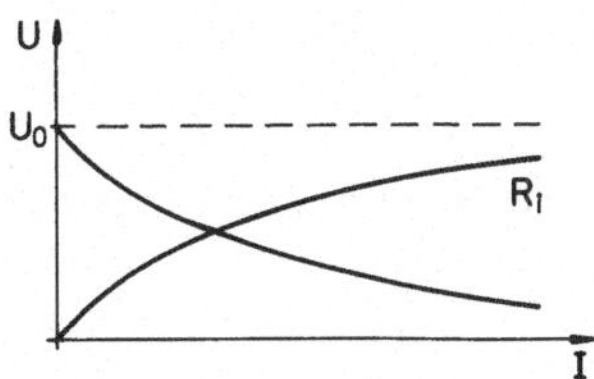

Bild 3.5 Kennlinien des aktiven Zweipols

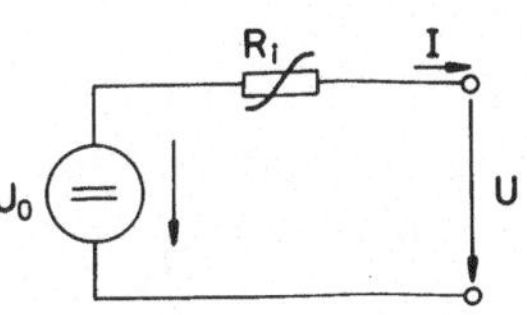

Spannungsersatzschaltbild

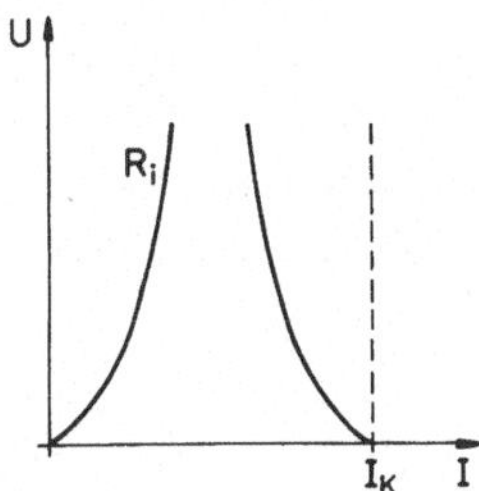

Bild 3.6 Kennlinien des aktiven Zweipols

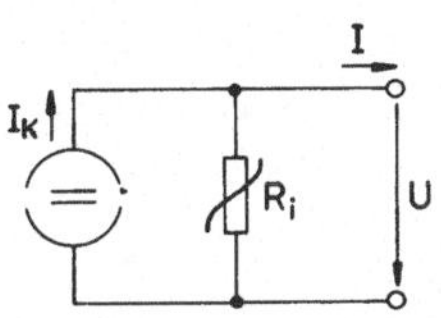

Stromersatzschaltbild

Das Spannungsersatzschaltbild eines aktiven nichtlinearen Zweipols läßt sich in das Stromersatzschaltbild überführen. Bild 3.7 zeigt den Vorgang.

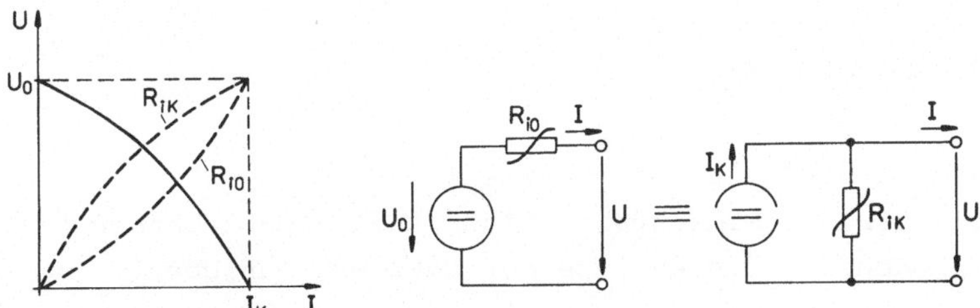

Bild 3.7 Ersatzschaltbilder des aktiven Zweipols

Wenn R_{iO} die Kennlinie $U = f_O(I)$ hat, so gilt für die Ausgangsklemmen des aktiven nichtlinearen Zweipols

$$U = U_O - f_O(I) = f(I) \tag{3.1}$$

Dafür kann auch als Umkehrung

$$I = f^{-1}(U) = f^{-1}\left[U_O - f_O(I)\right] \tag{3.2}$$

geschrieben werden. Dann hat der Widerstand R_{iK} die Kennlinie

$$I = I_K - f^{-1}(U) = f_K^{-1}(U) \qquad\qquad (3.3)$$

und als Beziehung zwischen den beiden Widerstandskennlinien ergibt sich
mit $U_O = f(O)$ und $I_K = f^{-1}(O)$

$$f(O) = f(I) + f_O(I) \;,\; f^{-1}(O) = f^{-1}(U) + f_K^{-1}(U) \;. \qquad\qquad (3.4)$$

Beispiel 4:

> In der Reihen-Parallel-Schaltung des Abschnittes 3.1.2 las-
> sen sich die Spannungsquelle U_O und der Widerstand R_1 als
> aktiver Zweipol auffassen. Dieser hat die Kennlinie
> $U = 3 - \frac{1}{2}\cdot I^2$. Das Stromersatzschaltbild dieses aktiven Zwei-
> pols hat den Kurzschlußstrom $I_K = \sqrt{6}$ und einen Innenwider-
> stand R_{iK} mit der Kennlinie $I = \sqrt{6} - \sqrt{2(3-U)}$. Dann liegen
> die Widerstände R_{iK}, R_2 und R_3 parallel und werden von I_K ge-
> speist. An dieser Parallelschaltung fällt die Spannung U_P ab
> und es gilt $I_K = \sqrt{6} = \sqrt{6} - \sqrt{2(3-U_P)} + \sqrt{U_P} + U_P^2$. Diese
> Gleichung hat die Lösung $U_P = 1$.

3.2 Berechnungsmethoden

Häufig enthalten die Gleichstromnetzwerke nur wenige nichtlineare Widerstände, die übrigen Widerstände sind linear. Dann lassen sich ver-
einfachte Methoden für die Analyse der Netzwerke angeben.

3.2.1 Netzwerk mit einem nichtlinearen Widerstand

In einem solchen Netzwerk wird der nichtlineare Widerstand R von einem
linearen aktiven Zweipol gespeist. Dieser läßt sich durch sein Span-
nungs- oder Stromersatzschaltbild darstellen. Dabei werden der Innenwiderstand R_i und die Quelle U_O oder I_K mit den Methoden der linearen
Netzwerkanalyse berechnet. Das nichtlineare Netzwerk enthält dann nur
den nichtlinearen Widerstand R, den linearen Widerstand R_i und die Quelle U_O oder I_K. Dieses Netzwerk ist mit dem Verfahren nach Kapitel 3.1
leicht zu analysieren. Man erhält die Spannung U am Widerstand R und
den Strom I, der ihn durchfließt. Der nichtlineare Widerstand kann nun
durch den Wert des Verhältnisses U/I ersetzt werden. Dann ist das ganze

Netzwerk rein linear und kann mit den geläufigen Methoden der linearen
Netzwerktheorie analysiert werden. Dabei bleiben die Spannung U und der
Strom I für den Widerstand R unverändert.

3.2.2 Netzwerk mit zwei nichtlinearen Widerständen

Ein solches Netzwerk läßt sich als aktiver linearer Vierpol mit den beiden nichtlinearen Widerständen R_1 und R_2 an den Klemmenpaaren des Vierpols darstellen. Mit einem Ersatzschaltbild des Vierpols ergibt sich das
Netzwerk nach Bild 3.8.

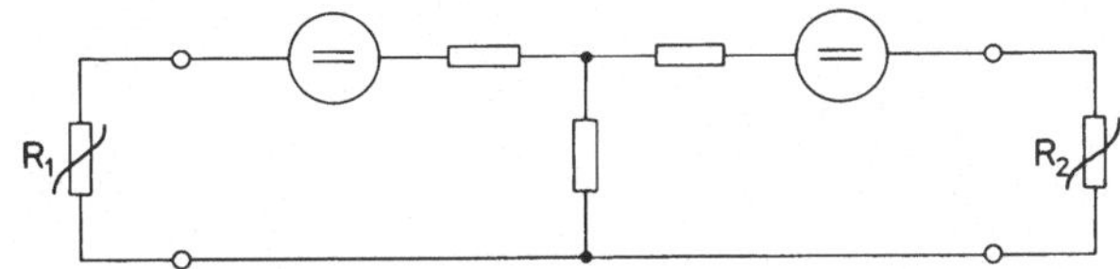

Bild 3.8 Netzwerk mit zwei
nichtlinearen Widerständen

Dieses läßt sich mit dem Verfahren von Kapitel 3.1 analysieren. Man erhält für den Widerstand R_1 die Größen U_1 und I_1 und für R_2 die Größen
U_2 und I_2. Ersetzt man die nichtlinearen Widerstände R_1 und R_2 durch
die Verhältnisse U_1/I_1 bzw. U_2/I_2, so läßt sich das ganze Netzwerk mit
linearen Methoden analysieren.

3.2.3 Netzwerk mit mehreren nichtlinearen Widerständen

Das Grundprinzip der Analyse, wenn nur wenige nichtlineare Widerstände
im Netzwerk enthalten sind, ist die Berechnung des Verhältnisses U_v/I_v
für jeden nichtlinearen Widerstand R_v. Danach kann das Netzwerk mit linearen Methoden analysiert werden. Diesem Ziel dient folgende grafische
Methode, die an dem Beispiel 5 erläutert werden soll.

Beispiel 5:

Ein Netzwerk enthalte drei nichtlineare Widerstände R_1, R_2
und R_3, deren Kennlinien gegeben seien. Man ersetzt R_3 pro-
beweise durch das Verhältnis $U_{31}/I_{31} = R_{31}$, wobei der Widerstand R_{31} linear angenommen wird. Das Netzwerk hat dann nur
noch die zwei nichtlinearen Widerstände R_1 und R_2. Dieses
Netzwerk wird nach Abschnitt 3.2.2 analysiert. Daraus ergeben sich Werte für U_{31} und I_{31}; diese liegen auf R_{31}, werden
aber im allgemeinen nicht auf der Kennlinie für R_3 liegen.

Bild 3.9 zeigt dieses Ergebnis. Dann korrigiert man R_{31} in den Wert $U_{32}/I_{32} = R_{32}$ mit der Erwartung, daß die Analyse des neuen Netzwerkes mit dem linearen Widerstand R_{32} und den nichtlinearen Widerständen R_1 und R_2 Werte für U_{32} und I_{32} ergibt, die näher an der wirklichen Kennlinie für R_3 liegen. Wenn dies so gut gelingt, wie in Bild 3.9 gezeigt, kann man interpolieren und U_3 und I_3 angeben, so daß das Verhältnis U_3/I_3 den richtigen Wert wiedergibt. Damit lassen sich endgültig auch die übrigen Teile des Netzwerkes richtig analysieren.

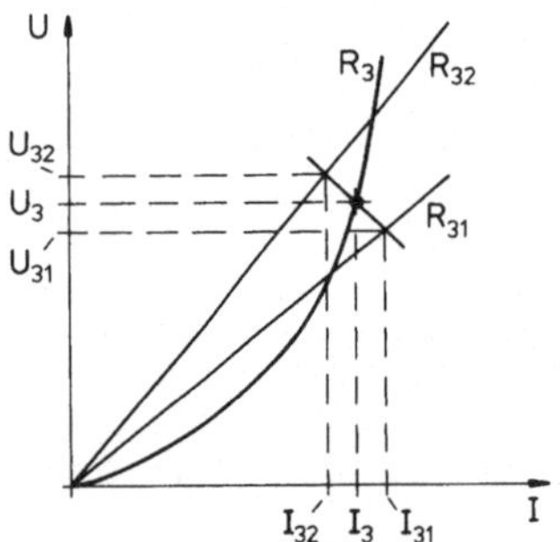

Bild 3.9 Ermittlung des Verhältnisses U_3/I_3
für den nichtlinearen Widerstand R_3

3.2.4 Magnetische Kreise

Führt man für die magnetischen Bauelemente mit der Kennlinie $\Psi = f(I)$ den magnetischen Leitwert $L = \Psi/I$ bzw. dessen Kehrwert $1/L = R_m$ als magnetischen Widerstand ein, so kann man magnetische Kreise wie Netzwerke analysieren.

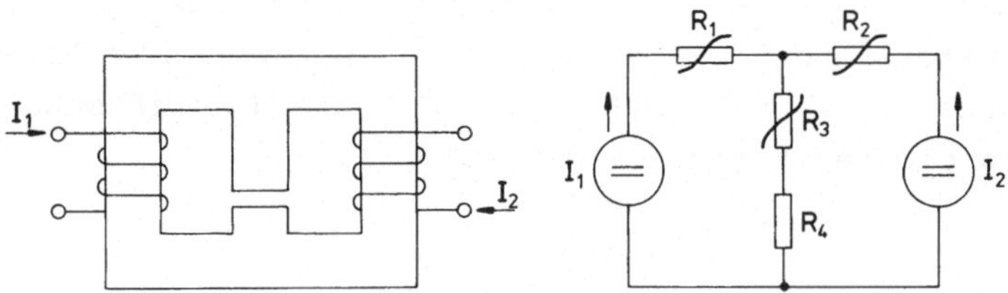

Bild 3.10 Magnetischer Kreis

Bild 3.10 zeigt ein Beispiel. Die Durchflutung erzeugenden Ströme I_1, I_2 wirken als innenwiderstandsfreie Quellen. R_1, R_2, R_3 sind nichtlineare magnetische Widerstände mit der Magnetisierungskennlinie $\Psi = f(I)$ des Eisens als hochpermeablen Kern. R_4 gibt den Luftspalt wieder. Die Analyse ergibt die magnetischen Flüsse $\Psi_v = L_v \cdot I_v$ mit $L_v = 1/R_v$ und $v = 1,2,3$ und 4.

4 Analyse von Wechselstromnetzwerken

Wechselstromnetzwerke enthalten Quellen, deren Leerlaufspannung $u_L(t)$
oder deren Kurzschlußstrom $i_K(t)$ harmonische Schwingungen ohne Oberwellen sind. Enthält das Netzwerk außer diesen Quellen nur nichtlineare Wirkwiderstände, so kann die Analyse in jedem Zeitpunkt nach den
Verfahren aus Kapitel 3 durchgeführt werden. Dabei entstehen für die
Widerstände Spannungen $u(t)$ und Ströme $i(t)$, die nicht mehr nur die Frequenzen der Quellen enthalten, sondern auch deren Oberwellen und Kombinationsfrequenzen. Im allgemeinen besitzt das Netzwerk aber auch Induktivitäten und Kapazitäten. Dann liefern die nach wie vor für jeden
Zeitpunkt gültigen Kirchhoff'schen Regeln $\Sigma u = 0$ und $\Sigma i = 0$ nichtlineare Differentialgleichungen. Die Analyse besteht im Finden der stationären Lösung dieses Systems von nichtlinearen Differentialgleichungen,
die das Netzwerk kennzeichnen. Um auch hier möglichst viel von der Analyse linearer Netzwerke übernehmen zu können, versucht man, die nichtlinearen Bauelemente durch lineare zu ersetzen, für die die Aussteuerung ihrer nichtlinearen Kennlinie festliegt. Während bei Gleichstrom-
netzwerken nur die Kenntnis des Arbeitspunktes auf der nichtlinearen
Kennlinie erforderlich ist, um das nichtlineare Bauelement durch ein
äquivalentes lineares zu ersetzen, benötigt man bei Wechselstromnetzwerken die Kenntnis des zeitlichen Verlaufs der Aussteuerung der nichtlinearen Kennlinie. Dazu gehört die zeitliche Form der Aussteuerung,
die sogenannte Ansteuerart, die Amplitude der Aussteuerung und der Arbeitspunkt, um den die Kennlinie ausgesteuert wird. Diese Hilfsgrößen
werden zunächst behandelt. Erst danach werden spezielle Netzwerke analysiert.

4.1 Ansteuerart

Der Begriff der Ansteuerart soll an einem Parallelschwingkreis nach
Bild 4.1 und einem Reihenschwingkreis nach Bild 4.2, beide mit einem

nichtlinearen Wirkwiderstand belastet, während die Reaktanzen lineare
Bauelemente sein sollen, deutlich gemacht werden.

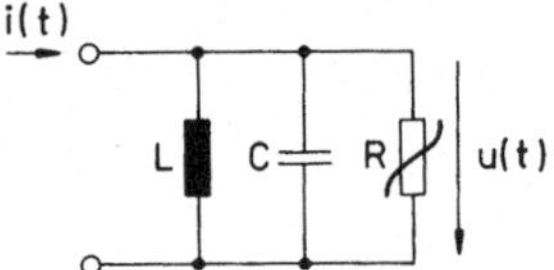

Bild 4.1 Parallelschwingkreis

Der Parallelschwingkreis nach Bild 4.1 werde von einem oberwellenfreien
Strom $i(t) = \hat{i} \cos \omega_O t$ gespeist, ω_O sei die Resonanzkreisfrequenz des
Kreises. Die Spannung $u(t)$ enthält infolge des nichtlinearen Widerstan-
des R im allgemeinen nicht nur die Amplitude $\hat{u}_1$ der Grundwelle ω_O, son-
der auch Oberwellen mit den Amplituden $\hat{u}_n$ bei den Kreisfrequenzen $n \cdot \omega_O$.
Auch der Strom $i_R(t)$ durch den Widerstand R enthält im allgemeinen eine
Grundwelle $\hat{i}_1$ und Oberwellen $\hat{i}_n$. Das Verhältnis $\hat{u}_1/\hat{i}_1$ bezeichnet man
als Grundwellenwiderstand R_1. Für die Schwingkreisgüte Q gilt $Q = \omega_O C R_1$.
Für die Kreisfrequenz $n \cdot \omega_O$ fließt der Anteil $\hat{i}_n$ des Stromes $i_R(t)$ im
wesentlichen durch die Kapazität C. Daher gilt

$$\frac{\hat{u}_n}{\hat{i}_n} \approx \frac{1}{n\omega_O C} = \frac{R_1}{nQ} = \frac{1}{nQ} \cdot \frac{\hat{u}_1}{\hat{i}_1} \qquad (4.1)$$

$$\frac{\hat{u}_1}{\hat{u}_n} = nQ \frac{\hat{i}_1}{\hat{i}_n} \qquad (4.2)$$

D.h. bei genügend großer Güte Q ist der Oberwellengehalt in der Spannung $u(t)$ wesentlich kleiner als der Oberwellengehalt in dem Strom $i_R(t)$.
Man spricht dann von Spannungsansteuerung des nichtlinearen Bauelementes R. Man kann in erster Näherung davon ausgehen, daß die Spannung am
Widerstand R oberwellenfrei ist. Dann kann man die Oberwellen des Stromes $i_R(t)$ mit Hilfe der nichtlinearen Kennlinie von R leicht berechnen.

Entsprechend gilt für den Reihenschwingkreis nach Bild 4.2 bei oberwellenfreier Spannung $u(t)$, daß der Strom $i(t)$ die Grundwellenamplitu-
de $\hat{i}_1$ und die Oberwellenamplituden $\hat{i}_n$ hat. Die Kreisfrequenz ω_O der
Spannung $u(t)$ sei wieder die Resonanzfrequenz des Kreises. Dann enthält
die Spannung $u_R(t)$ am Widerstand R die Oberwellen $\hat{u}_n$. Diese müssen im
wesentlichen auch an der Induktivität L liegen, da die Kapazität C für
die Oberwellen niederohmig ist. Dann gilt

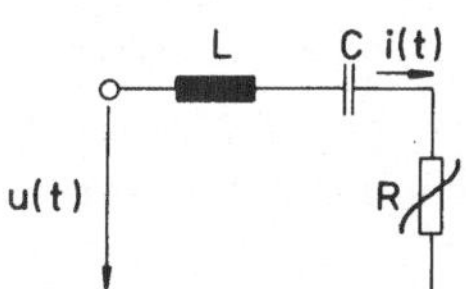

Bild 4.2 Reihenschwingkreis

$$\frac{\hat{u}_n}{\hat{i}_n} \approx n\omega_0 L = nQ \cdot R_1 = nQ \frac{\hat{u}_1}{\hat{i}_1} \tag{4.3}$$

$$\frac{\hat{i}_1}{\hat{i}_n} = nQ \frac{\hat{u}_1}{\hat{u}_n} \tag{4.4}$$

D.h. der Oberwellengehalt im Strom i(t) ist wesentlich kleiner als in
der Spannung u_R(t). Man spricht von Stromansteuerung des nichtlinearen
Bauelementes R. Aus dem oberwellenfreien Strom i(t) können die Oberwellen von u_R(t) über die nichtlineare Kennlinie von R berechnet werden.

Diese Vorstellungen lassen sich verallgemeinern. Enthält das Netzwerk
ein nichtlineares Bauelement, so läßt sich der Rest des Netzwerkes als
aktiver Zweipol durch eine Leerlaufspannung u_L(t) = $\hat{u}_L \cos \omega t$, auch ge-
kennzeichnet durch den komplexen Zeiger $\underline{U}_L$ mit $|\underline{U}_L| = \hat{u}_L/2$ und den kom-
plexen Innenwiderstand $\underline{Z}_i$ beschreiben. $\underline{Z}_i$ wird nach den gebräuchlichen
Regeln der linearen Wechselstromrechnung bestimmt und wird im allgemei-
nen frequenzabhängig sein. Dieser lineare aktive Zweipol speist das
nichtlineare Bauelement, das ein nichtlinearer Widerstand, eine nichtlineare Induktivität oder eine nichtlineare Kapazität sein kann. An dem
nichtlinearen Bauelement entstehen Oberwellen im Strom und in der Spannung. Da die Leerlaufspannung u_L oberwellenfrei ist, müssen die Span-
nungsoberwellen am nichtlinearen Bauelement genauso groß sein wie am
Widerstand $\underline{Z}_i$. Ist nun $|\underline{Z}_i|$ für die Oberwellen hochohmig, dann sind die
Oberwellen im Strom klein. Das nichtlineare Bauelement wird im Strom an-
gesteuert. Spannungsansteuerung liegt bei niederohmigem $|\underline{Z}_i|$ vor. Die
Frequenzabhängigkeit von $\underline{Z}_i$ kann es mit sich bringen, daß die Ansteuerung neben der Grundwelle noch bestimmte Oberwellen enthält. Aus diesen
Betrachtungen folgt auch, daß bei einer Fourierreihenentwicklung der
periodischen, aber verzerrten Ströme i(t) und Spannungen u(t) im Netz-
werk die Kirchhoff'schen Regeln $\Sigma \underline{U} = 0$ und $\Sigma \underline{I} = 0$ für jede Frequenz
einzeln erfüllt sein müssen.

Aus diesen Überlegungen ergeben sich für nichtlineare Induktivitäten
die Ansteuerarten nach Bild 4.3, wenn die Kreise mit ihrer Resonanzfrequenz angesteuert werden.

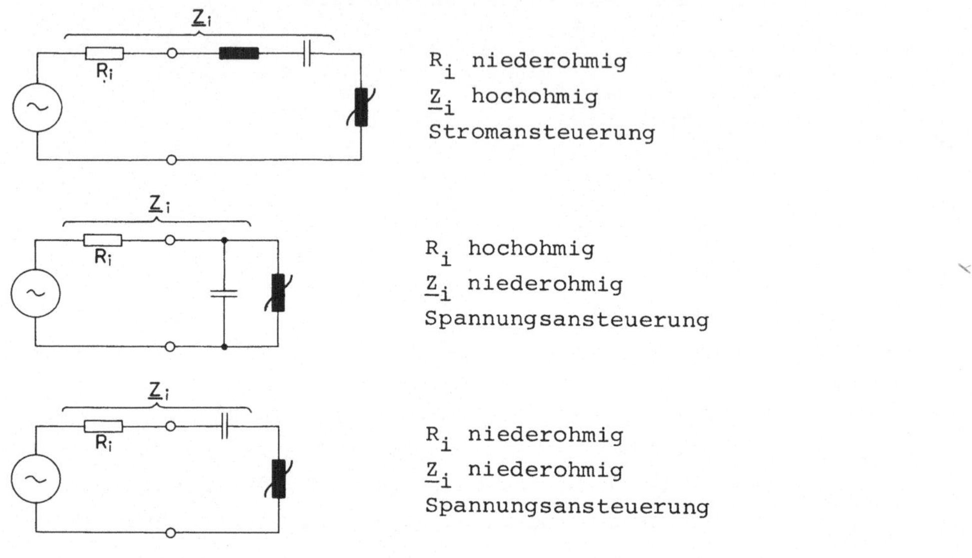

Bild 4.3 Netzwerke mit nichtlinearer Induktivität

Spannungsansteuerung bei einer nichtlinearen Induktivität ist eigentlich Flußansteuerung, da die nichtlineare Kennlinie $\Psi = f(I)$ lautet.
Dabei gilt wegen des Induktionsgesetzes $u(t) = \dot{\psi}(t)$

$$\hat{u}_n/\hat{u}_1 = n\hat{\dot{\psi}}_n/\hat{\dot{\psi}}_1 \; . \tag{4.5}$$

D.h. wenn die Oberwelle $\hat{u}_n$ bei der Kreisfrequenz $n \cdot \omega$ klein ist, dann
ist die Oberwelle $\hat{\dot{\psi}}_n$ um den Faktor n noch kleiner.

Nichtlineare Kapazitäten verhalten sich, wie Bild 4.4 zeigt, dual zu
den Netzwerken mit nichtlinearer Induktivität.

Stromansteuerung bei einer nichtlinearen Kapazität ist eigentlich Ladungsansteuerung, da die nichtlineare Kennlinie $Q = f(U)$ lautet. Dabei
gilt wegen des Satzes $i(t) = \dot{q}(t)$

$$\hat{i}_n/\hat{i}_1 = n\hat{\dot{q}}_n/\hat{\dot{q}}_1 \; . \tag{4.6}$$

D.h. wenn die Oberwelle $\hat{i}_n$ bei der Kreisfrequenz $n \cdot \omega$ klein ist, dann
ist die Oberwelle $\hat{\dot{q}}_n$ um den Faktor n noch kleiner.

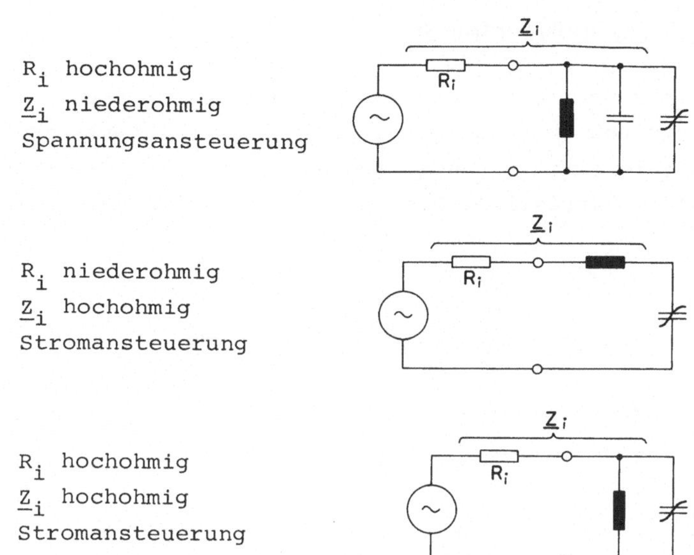

R$_i$ hochohmig
$\underline{Z}_i$ niederohmig
Spannungsansteuerung

R$_i$ niederohmig
$\underline{Z}_i$ hochohmig
Stromansteuerung

R$_i$ hochohmig
$\underline{Z}_i$ hochohmig
Stromansteuerung

Bild 4.4 Netzwerke mit nichtlinearer Kapazität

Im allgemeinen besteht das Festlegen der Ansteuerart für ein nichtlineares Bauelement darin, daß entweder für den Strom durch das Bauelement
oder die Spannung am Bauelement angegeben wird, welche Harmonischen außer der vom Generator gelieferten Grundwelle berücksichtigt werden sollen. Wird diese Angabe für den Strom gemacht, spricht man von Stromansteuerung, im anderen Falle von Spannungsansteuerung. Häufig wird, wie
in den Beispielen angegeben, in der betreffenden Größe außer der Grundwelle keine höhere Harmonische berücksichtigt. Es können aber auch in
bestimmten Fällen alle bis zu einer bestimmten Harmonischen oder eine
bestimmte höhere Harmonische berücksichtigt werden. Derartige Ansteuerarten treten vor allem bei Frequenzvervielfachern und Frequenzteilern auf.

Wird das Netzwerk nicht nur von einer Quelle, sondern von mehreren,
meistens zwei Quellen mit unterschiedlicher Frequenz gespeist, dann
enthält die Ansteuerart nicht nur Angaben über höhere Harmonische, sondern auch über lineare Kombinationen der eingespeisten Frequenzen.
Dies tritt vor allem bei Frequenzumsetzern auf.

Aus der Konfiguration eines Netzwerkes und der Aufgabenstellung der
Schaltung lassen sich meistens leicht die Angaben über die Ansteuerart ableiten. Dabei werden im folgenden nur Netzwerke mit einem nichtlinearen Bauelement oder mit zwei Bauelementen in Gegentaktschaltung,
die sich durch eine gemeinsame nichtlineare Kennlinie darstellen lassen, betrachtet.

4.2 Richtkennlinienfelder

Nach der Festlegung der Ansteuerart lassen sich die beiden anderen
Hilfsgrößen Aussteueramplitude und Arbeitspunkt aus der nichtlinearen
Kennlinie ermitteln und ihre Abhängigkeit im sogenannten Richtkennlinienfeld darstellen. Dies soll zunächst am Beispiel einer Diode gezeigt
werden.

4.2.1 Richtkennlinienfelder einer Diode

Die Diode in einer Schaltung nach Bild 4.5 wird oberwellenfrei in der
Spannung angesteuert. Durch eine große Kapazität C wird sichergestellt,

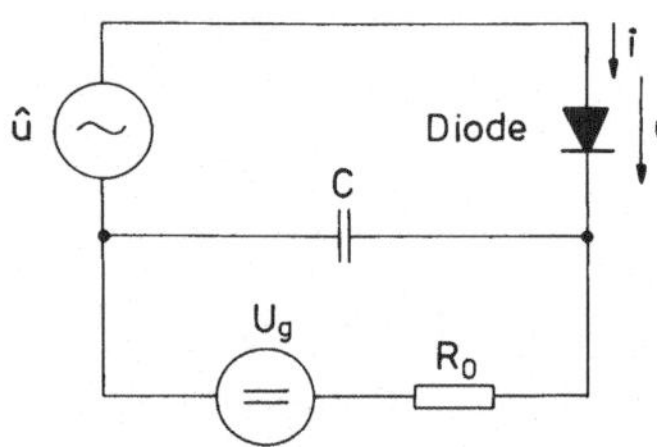

Bild 4.5 Diodenschaltung mit
         Spannungsansteuerung

daß die oberwellenfreie Spannung des Generators mit vernachlässigbarem
Innenwiderstand und der veränderbaren Amplitude $\hat{u}$ als Spannung u an der
Diode liegt. Mit der Gleichspannung U_g läßt sich der Arbeitspunkt der
Diode einstellen. Bei einer geradlinig-geknickten Kennlinie der Diode
nach Bild 4.6 lassen sich die Aussteuerverhältnisse, wie im Bild angegeben, bestimmen. Um den durch die Werte U_O und I_O festgelegten Arbeitspunkt der Diode steuert u(t) die Kennlinie oberwellenfrei aus. Die nichtlineare Kennlinie erzeugt einen stark verzerrten Strom i(t). Dieser hat
entsprechend den schraffierten Flächen den Mittelwert I_O, der sich
auch nach Gl. 2.5 und Gl. 2.6 auf S.10 berechnen läßt. Die Spannung U_O
entsteht aus der Spannung U_g und dem Spannungsabfall $I_O \cdot R_O$. Der Generator mit der Amplitude $\hat{u}$ und der Kreisfrequenz ω_O ist auch für die
Gleichspannung innenwiderstandsfrei. Verändert man nun U_O und $\hat{u}$, so
entsteht das Richtkennlinienfeld $I_O = f(U_O)$ mit dem Parameter $\hat{u}$, das
in Bild 4.7 dargestellt ist.

Die Richtkennlinien sind für $U_O < -\hat{u}$ und $U_O > +\hat{u}$ mit der Diodenkennlinie
identisch. Bei gegebener Spannung U_g wandert der Arbeitspunkt der Diode
abhängig von der Aussteueramplitude $\hat{u}$ auf der Widerstandsgeraden R_O.
Wenn die Steigung der Diodenkennlinie im Durchlaßbereich sehr groß wird,

dann entartet das Richtkennlinienfeld im Grenzfall unendlicher Steigung, wie in Bild 4.8 gezeigt.

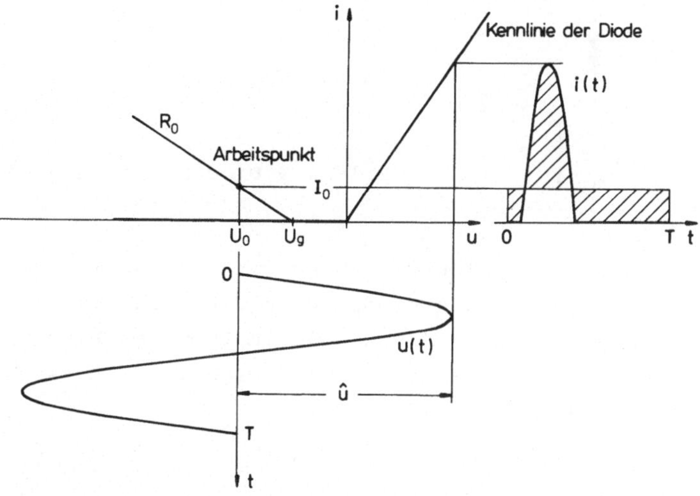

Bild 4.6 Diodenkennlinie mit Aussteuerverhältnissen bei Spannungsansteuerung

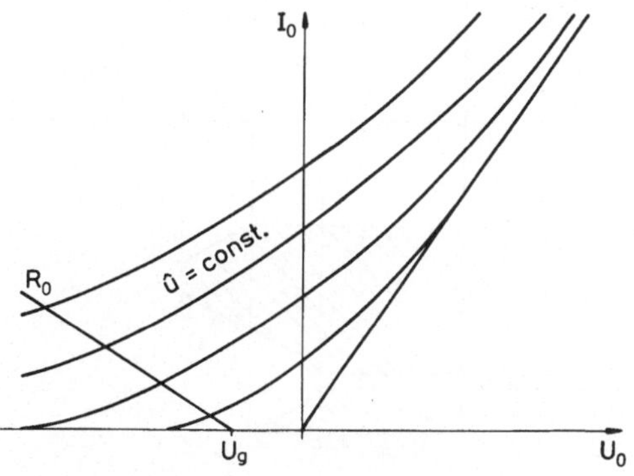

Bild 4.7 Richtkennlinienfeld der Diode bei Spannungsansteuerung

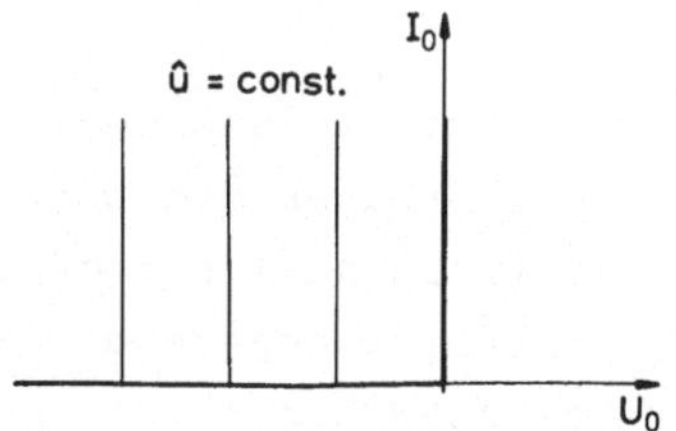

Bild 4.8 Richtkennlinienfeld der Diode bei Spannungsansteuerung und unendlicher Steilheit der Diodenkennlinie im Durchlaßbereich

Bei Stromansteuerung der Diode sieht das Richtkennlinienfeld ganz anders
aus. Bei einer Schaltung nach Bild 4.9

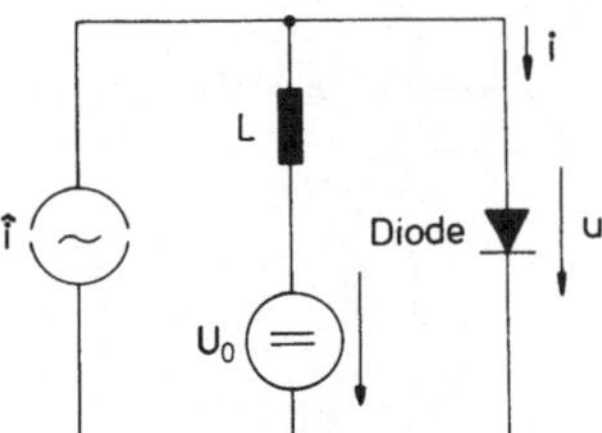

Bild 4.9 Diodenschaltung mit
         Stromansteuerung

fließt der oberwellenfreie Strom mit der Amplitude $\hat{i}$ vollständig und
unverändert durch die Diode, wenn die Induktivität L groß genug ist.
Nimmt man an, daß L für den Gleichstrom den Widerstand Null hat, dann
liegt auch U_O unverändert an der Diode. Die entstehenden Aussteuerungs-
verhältnisse zeigt Bild 4.10.

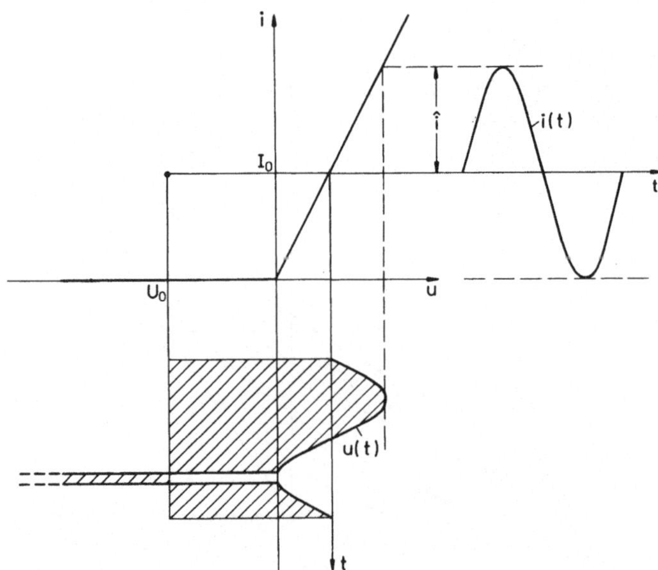

Bild 4.10 Diodenkennlinie und Aussteuerverhältnisse bei
          Stromansteuerung

Der Strom i(t) kann wegen der Diodenkennlinie nicht negativ werden.
Er erreicht aber den Wert i = O. Für diesen Zeitpunkt entsteht ein im
Idealfall unendlich großer negativer Spannungsimpuls in u(t). Der durch
die Schraffur angegebene Mittelwert von u(t) ist die Gleichspannung U_O.
Da i(t) unverzerrt ist, gilt stets $I_O = \hat{i}$. Daraus ergibt sich das Richtkennlinienfeld $I_O = f(U_O)$ mit dem Parameter $\hat{i}$, wie es in Bild 4.11 dargestellt wird.

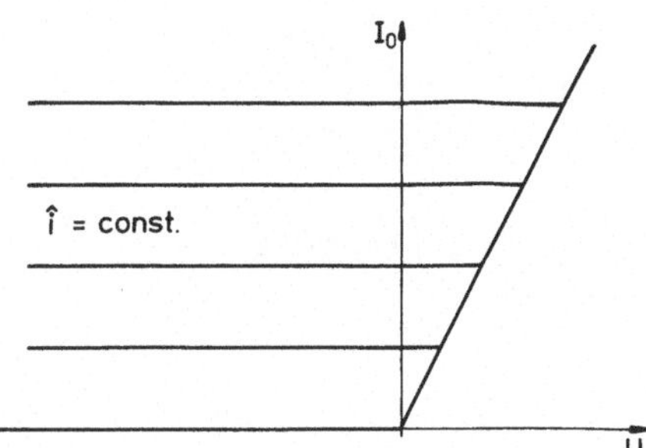

Bild 4.11 Richtkennlinienfeld der
         Diode bei Stromansteuerung

Wenn die Schaltung erfordert, daß in der Ansteuerart höhere Harmonische
neben der Grundwelle berücksichtigt werden, dann entstehen andere Richtkennlinienfelder, deren Bestimmung aber wesentlich aufwendiger ist.

4.2.2 Richtkennlinienfelder nichtlinearer Reaktanzen

Die Bestimmung der Richtkennlinienfelder für nichtlineare Induktivitäten
läßt sich ähnlich wie bei den Dioden aus der Magnetisierungskennlinie
bestimmen. Hier soll auf eine Darstellung verzichtet werden.

Mehr Bedeutung haben die Richtkennlinienfelder der Kapazitätsdiode. Für
eine Kennlinie

$$U = \frac{1}{C_O}\left(Q - \frac{Q^2}{4C_O\varphi}\right) \tag{4.7}$$

ergibt sich bei oberwellenfreier Stromansteuerung und daher auch oberwellenfreier Ladungsansteuerung

$$q(t) = Q_O + \hat{q}\cdot\cos\omega_O t \tag{4.8}$$

die verzerrte Spannung

$$u(t) = \frac{Q_O + \hat{q}\cdot\cos\omega_O t}{C_O} - \frac{\left(Q_O + \hat{q}\cdot\cos\omega_O t\right)^2}{4C_O{}^2\varphi} \tag{4.9}$$

$$u(t) = \frac{Q_O}{C_O} - \frac{Q_O{}^2}{4C_O{}^2\varphi} + \left(\frac{\hat{q}}{C_O} - \frac{2Q_O\hat{q}}{4C_O{}^2\varphi}\right)\cos\omega_O t - \frac{\hat{q}^2}{4C_O{}^2\varphi}\cdot\frac{1}{2}\left(1 + \cos2\omega_O t\right) \tag{4.10}$$

Daraus folgt

$$U_O = \frac{Q_O}{C_O} - \frac{Q_O^2 + \frac{1}{2}\cdot\hat{q}^2}{4C_O^2\varphi} \qquad\qquad (4.11)$$

als Richtkennlinienfeld $U_O = f(Q_O)$ mit $\hat{q}$ als Parameter, das in Bild 4.12 dargestellt ist.

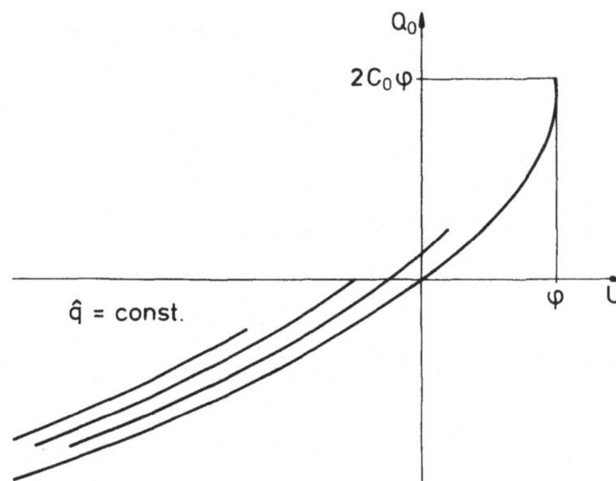

Bild 4.12 Richtkennlinienfeld der Kapazitätsdiode bei Strom- bzw. Ladungsansteuerung

Das Richtkennlinienfeld für Spannungsansteuerung

$$u(t) = U_O + \hat{u}\cdot\cos\omega_O t \qquad\qquad (4.12)$$

läßt sich durch Einsetzen in die Kennlinie

$$Q = 2C_O\varphi\left(1 - \sqrt{1 - U/\varphi}\right) \qquad\qquad (4.13)$$

bestimmen. Q_O ergibt sich als Mittelwert der periodischen Funktion $q(t)$ in Abhängigkeit von U_O und dem Parameter $\hat{u}$.

4.2.3 Richtlinienfelder nichtlinearer Bauelemente in Gegentaktschaltungen

Gegentaktschaltungen von nichtlinearen Bauelementen werden häufig verwendet, um eine bestimmte Eigenschaft des nichtlinearen Bauelementes zu nutzen, ohne den Nachteil eines hohen Oberwellengehaltes in der übrigen Schaltung in Kauf nehmen zu müssen.

Gegentaktschaltungen von nichtlinearen Bauelementen lassen sich als ein Bauelement mit einer gemeinsamen nichtlinearen Kennlinie auffassen. Dieses soll an Gegentaktschaltungen zweier Dioden gezeigt werden.

Zwei Dioden können in Parallelgegentakt (Bild 4.13) oder Reihengegentakt (Bild 4.14) geschaltet werden. Die gemeinsame Kennlinie ergibt

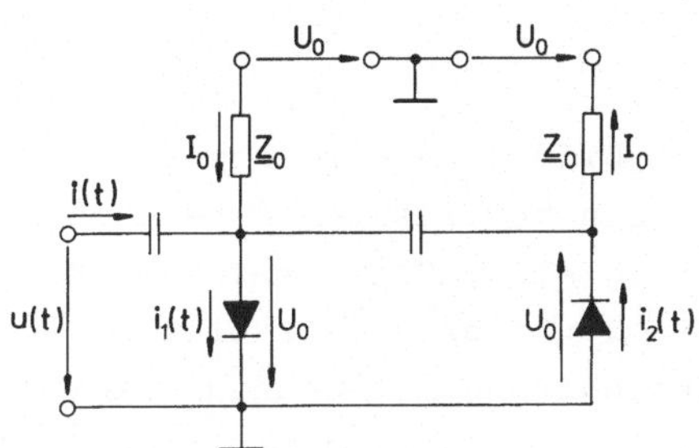

Bild 4.13 Zwei Dioden in Paral-
        lelgegentaktschaltung
        $\underline{Z}_O = 0$ für die Frequenz
        Null, $\underline{Z}_O = \infty$ für die
        Frequenzen größer als
        die eingespeiste Kreis-
        frequenz ω_O, Kapazität
        der Kondensatoren sehr
        groß

Bild 4.14 Zwei Dioden in Reihen-
        gegentaktschaltung
        Z_O sehr groß, Kapazität
        des Kondensators sehr
        groß, die Gleichspannung
        U_g speist über Z_O den
        Strom I_O ein

sich bei gegebener nichtlinearer Kennlinie $i = f(u)$ der einzelnen Diode
bei bekanntem Arbeitspunkt U_O für Parallelgegentakt aus der Gleichung

$$i(t) = f\left[U_O + u(t)\right] - f\left[U_O - u(t)\right] \tag{4.14}$$

und wird in Bild 4.15 dargestellt.

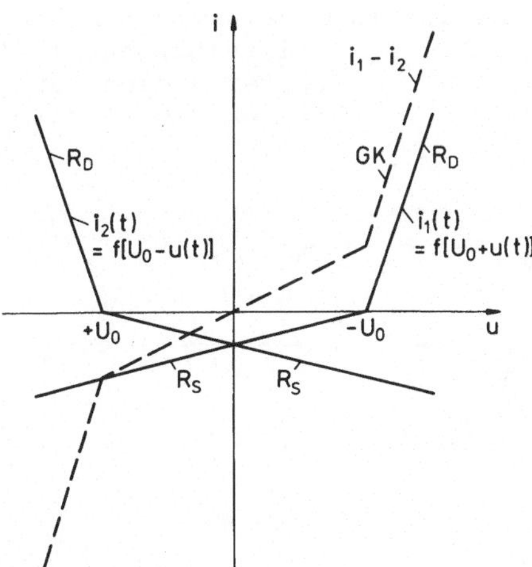

Bild 4.15 Gemeinsame Kennlinie (GK) bei Parallelgegentaktschaltung
        zweier Dioden für $U_O < 0$
        R_D differentieller Widerstand in Diodendurchlaßrichtung
        R_S differentieller Widerstand im Diodensperrbereich

Bei bekanntem Strom I_O und $u = f(i)$ als nichtlinearer Kennlinie der einzelnen Diode ergibt sich für Reihengegentakt aus der Gleichung

$$u(t) = f\left[I_O + i(t)\right] - f\left[I_O - i(t)\right] \qquad\qquad (4.15)$$

die gemeinsame Kennlinie, wie sie in Bild 4.16 dargestellt wird. Man erkennt, daß die gemeinsamen Kennlinien bereits vom Arbeitspunkt und damit vom Richtkennlinienfeld abhängig sind. Die gemeinsame Kennlinie wird nun von oberwellenfreiem Strom oder oberwellenfreier Spannung angesteuert. In der Parallelgegentaktschaltung mit Spannungsansteuerung entsteht in jeder der Dioden ein Gleichstrom I_O in gleicher Größe wie bei einer einzelnen Diode. Das Richtkennlinienfeld $I_O = f(U_O,\hat{u})$ ist daher in diesem Falle identisch mit dem der einzelnen Diode, wie es in Kap. 4.2.1 Bild 4.7 dargestellt ist. In gleicher Weise ist das Richtkennlinienfeld $I_O = f(U_O,\hat{i})$ für die Reihengegentaktschaltung mit Stromansteuerung identisch mit Bild 4.11. Neue Richtkennlinienfelder ent-

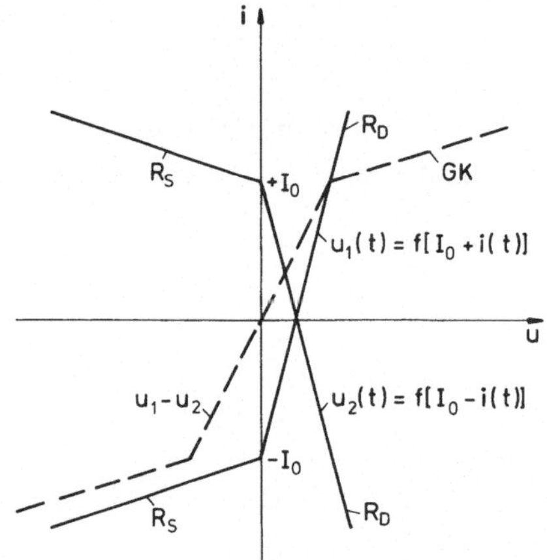

Bild 4.16 Gemeinsame Kennlinie (GK)
         bei Reihengegentaktschaltung
         zweier Dioden für $I_O > 0$
         R_D, R_S wie in Bild 4.15

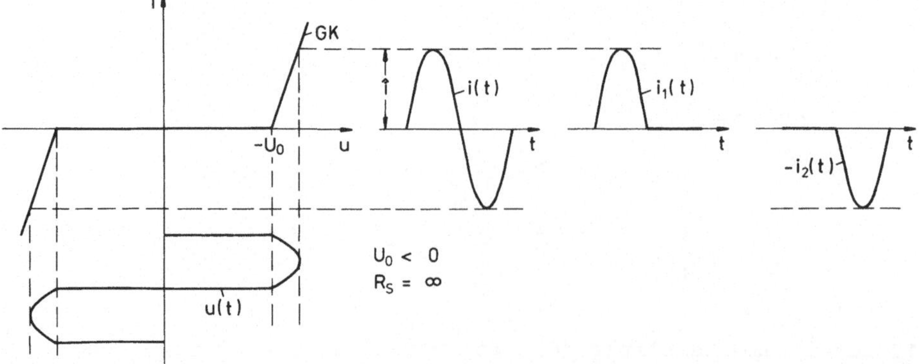

Bild 4.17 Ansteuerung der gemeinsamen Kennlinie bei Parallelgegen-
          taktschaltung mit oberwellenfreiem Strom

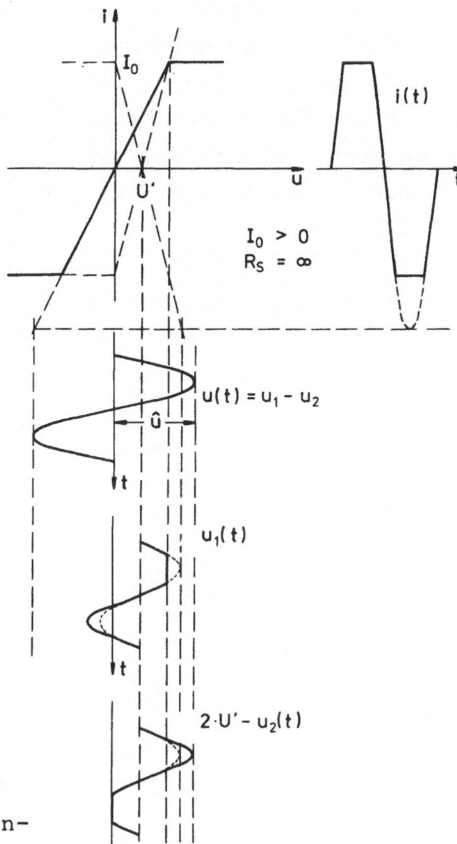

Bild 4.18 Ansteuerung der gemeinsamen
         Kennlinie bei Reihengegen-
         taktschaltung mit oberwellen-
         freier Spannung

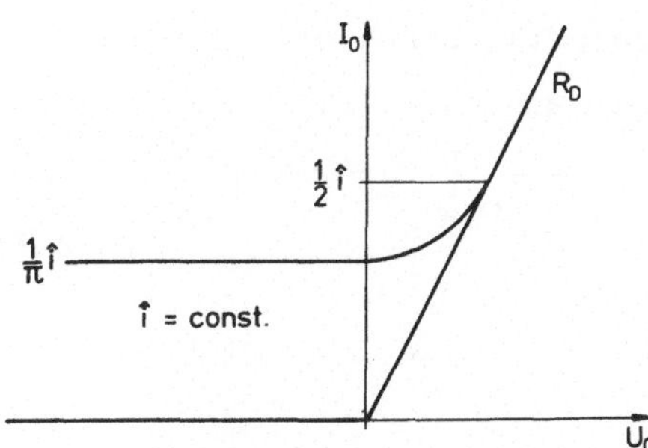

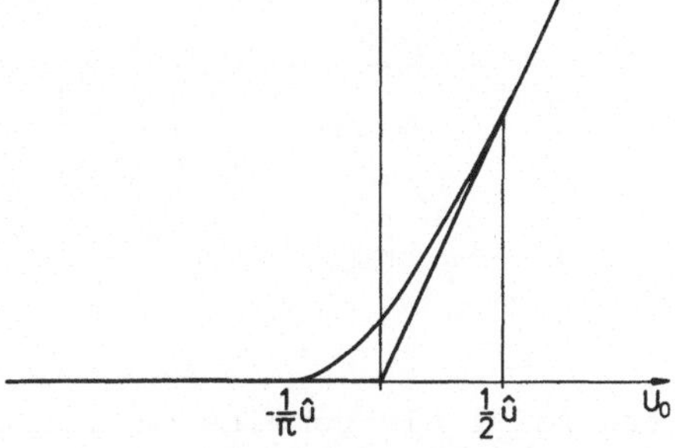

Bild 4.19 Richtkennlinie für Pa-   Bild 4.20 Richtkennlinie für Rei-
         rallelgegentakt zweier   hengegentakt zweier
         Dioden mit Stroman-   Dioden mit Spannungsan-
         steuerung   steuerung

stehen bei Parallelgegentaktschaltung und Ansteuerung mit oberwellenfreiem Strom, bzw. Reihengegentaktschaltung und Ansteuerung mit oberwellenfreier Spannung. In diesen Fällen sind trotz der oberwellenfreien
Ansteuerung der Gegentaktschaltung Strom _und_ Spannung an der Einzeldi-
ode verzerrt. Die Bilder 4.17 und 4.18 zeigen diese Ansteuerung. Die
sich daraus ergebenden Richtkennlinienfelder stellen die Bilder 4.19
und 4.20 dar.

Für zwei Kapazitätsdioden in Gegentaktschaltung lassen sich die entsprechenden Kennlinien berechnen. Für die gemeinsame Kennlinie der Parallelgegentaktschaltung gilt

$$q(t) = 2C_O\varphi\left\{\left[1 - \sqrt{1 - \frac{U_O}{\varphi} - \frac{u(t)}{\varphi}}\right] - \left[1 - \sqrt{1 - \frac{U_O}{\varphi} + \frac{u(t)}{\varphi}}\right]\right\} . \tag{4.16}$$

Daraus folgt als gemeinsame Kennlinie bei gegebenem U_O

$$u = \frac{q}{2C_O}\sqrt{1 - \frac{U_O}{\varphi} - \frac{q^2}{16C_O^2\varphi^2}} . \tag{4.17}$$

Das Richtkennlinienfeld

$$Q_O = f(U_O,\hat{q}) \tag{4.18}$$

bei Ansteuerung mit oberwellenfreiem Strom bzw. Ladung läßt sich damit
berechnen.

Für die gemeinsame Kennlinie der Reihengegentaktschaltung gilt

$$u(t) = \frac{1}{C_O}\left[Q_O + q(t)\right] - \frac{1}{4C_O^2\varphi}\left[Q_O + q(t)\right]^2 - \frac{1}{C_O}\left[Q_O - q(t)\right]$$
$$+ \frac{1}{4C_O^2\varphi}\left[Q_O - q(t)\right]^2 \tag{4.19}$$

Daraus folgt als gemeinsame Kennlinie bei gegebenem Q_O

$$u = \left[\frac{2}{C_O} - \frac{Q_O}{C_O^2\varphi}\right]q . \tag{4.20}$$

Die gemeinsame Kennlinie ist in diesem Falle linear. Ihre Steigung hängt
vom Arbeitspunkt Q_O ab. Das Richtkennlinienfeld bei Ansteuerung mit oberwellenfreier Spannung $u(t) = \hat{u} \cdot \cos \omega_O t$ läßt sich, da hier auch $q(t)$
oberwellenfrei ist, aus der Beziehung für die Richtkennlinie einer einzelnen Kapazitätsdiode (Kap. 4.2.2, S.27) zu

$$U_O = \frac{Q_O}{C_O} - \frac{Q_O{}^2}{4C_O{}^2\varphi} - \frac{\hat{q}^2}{8C_O{}^2\varphi} \qquad (4.21)$$

berechnen. Daraus folgt unter Benutzung der gemeinsamen Kennlinie
(Gl. 4.20)

$$U_O = \frac{Q_O}{C_O} - \frac{Q_O{}^2}{4C_O{}^2\varphi} - \frac{1}{8} C_O{}^2\varphi \frac{\hat{u}^2}{\left(2C_O\varphi - Q_O\right)^2} \qquad (4.22)$$

in implizierter Form das Richtkennlinienfeld $Q_O = f(U_O, \hat{u})$.

4.3 Netzwerke mit einer sinusförmigen Quelle

Ein Netzwerk mit einer Gleichspannungsquelle, einer Wechselspannungs-
quelle, einem Bauelement mit nichtlinearer Kennlinie (auch als Gegentaktschaltung) und weiteren Bauelementen mit linearer Kennlinie läßt
sich durch eine Spannungsersatzschaltung nach Bild 4.21 darstellen.
$u_L(t) = \hat{u}_L \cdot \cos \omega_O t$ ist die sinusförmige Leerlaufspannung an den Klem-
men a-b, U_g die Leerlaufspannung bei $\omega = O$ an a-b. $\underline{Z}_i$ ist der frequenz-

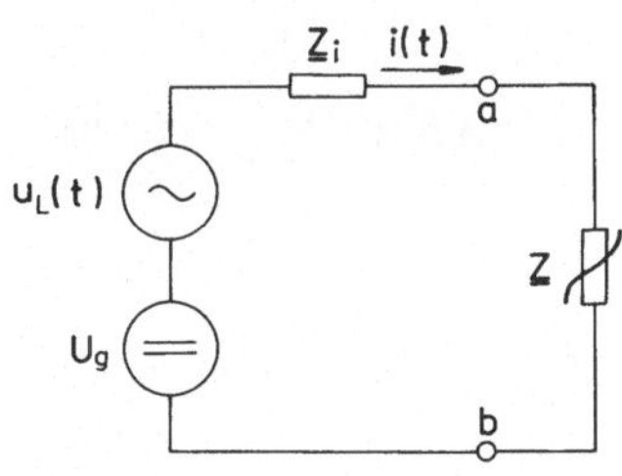

Bild 4.21 Spannungsersatzschaltung für ein Netzwerk mit einer Gleich-
          spannungs-, einer Wechselspannungsquelle und einem nicht-
          linearem Bauelement

abhängige, im allgemeinen komplexe Innenwiderstand der Ersatzschaltung,
der aus linearen Bauelementen besteht. Das Bauelement mit der nichtlinearen Kennlinie (bezeichnet als $\underline{Z}$) kann ein Wirkwiderstand oder ei-

ne Reaktanz sein und wird durch seine nichtlineare Kennlinie beschrieben. Diese nichtlineare Kennlinie erzeugt Oberwellen von ω_0 in der Schaltung. Für jede dieser Frequenzen läßt sich die Kirchhoffsche Regel $\sum \underline{U} = 0$ aufstellen. Die Anzahl der zu berücksichtigenden Frequenzen hängt von der Ansteuerart für $\underline{Z}$ ab. Mehr Frequenzen heißt, mehr Gleichungen aber auch mehr unbekannte Ströme $\underline{I}_n$, die sich für die Frequenzen $n \cdot \omega_0$ berechnen lassen und zusammen den Strom $i(t)$ darstellen. Das Spannungsersatzschaltbild ist daher für Stromansteuerung geeignet. Bei Spannungsansteuerung kann das entsprechende Stromersatzschaltbild mit seinem Kurzschlußstrom als Quelle verwandt werden. Dann werden die Gleichungen durch die Kirchhoffsche Regel $\sum \underline{I} = 0$ gebildet.

Den Berechnungsvorgang bei einer Ersatzspannungsquelle soll ein Beispiel erläutern. Dabei wird der nichtlineare Widerstand durch die Kennlinie

$$U = aI + bI^2 \tag{4.23}$$

wiedergegeben. Für die Größen in Bild 4.21 läßt sich dann bei Stromansteuerung mit Berücksichtigung aller Frequenzen bis $N \cdot \omega_0$ schreiben

$$i(t) = \sum_{n=-N}^{+N} \underline{I}_n \cdot \exp(jn\omega_0 t) \tag{4.24}$$

Daraus folgt im einzelnen

$$U_0 = I_0 \cdot \underline{Z}_i(0) + a \cdot I_0 + b \sum_{n=-N}^{+N} \underline{I}_n \cdot \underline{I}_n^* \tag{4.25}$$

$$\frac{1}{2}\,\hat{u}_L = \underline{I}_1 \cdot \underline{Z}_i(\omega_0) + a \cdot \underline{I}_1 + b \sum_{n=-N+1}^{+N} \underline{I}_n \cdot \underline{I}_{n-1}^* \tag{4.26}$$

$$0 = \underline{I}_k \cdot \underline{Z}_i(k\omega_0) + a \cdot \underline{I}_k + b \sum_{n=-N+k}^{+N} \underline{I}_n \cdot \underline{I}_{n-k}^* \,, \quad k = 2,3,\ldots,N \tag{4.27}$$

Es entstehen N+1 Gleichungen mit N+1 Unbekannten $\underline{I}_n$. Die Auflösung des Gleichungssystems ist numerisch möglich, aber schon bei $N > 2$ sehr aufwendig, zumal die Unbekannten $\underline{I}_n$ komplexe Zahlen sind.

4.4 Netzwerke mit zwei sinusförmigen Quellen

Liefern die Quellen die Kreisfrequenzen ω_0 und ω_1, so entstehen im Netzwerk infolge eines nichtlinearen Widerstandes Frequenzen $m\omega_1 + n\omega_0$ mit m,n ganzzahlig von $-\infty$ bis $+\infty$. Mit $x = \omega_1 t$ und $y = \omega_0 t$ kann man für Spannung und Strom am nichtlinearen Element nach [5]

$$u(t) = u(x,y) = \sum_{m=-\infty}^{+\infty} \sum_{n=-\infty}^{+\infty} \underline{U}_{mn} \cdot \exp\left[j(mx + ny)\right] \tag{4.28}$$

$$i(t) = i(x,y) = \sum_{m=-\infty}^{+\infty} \sum_{n=-\infty}^{+\infty} \underline{I}_{mn} \cdot \exp\left[j(mx + ny)\right] \tag{4.29}$$

schreiben. Dabei ist

$$\underline{U}_{mn} = \frac{1}{4\pi^2} \int_0^{2\pi} dy \int_0^{2\pi} dx \cdot u(x,y) \cdot \exp\left[-j(mx + ny)\right] \tag{4.30}$$

und $\underline{I}_{mn}$ entsprechend. Für reelles $u(t)$ bzw. $i(t)$, was im folgenden stets angenommen wird, gilt $\underline{U}_{mn} = \underline{U}^*_{-m,-n}$ und $\underline{I}_{mn} = \underline{I}^*_{-m,-n}$. Die Leistung P_{mn}, die bei der Frequenz $mf_1 + nf_0$ $(f = \ddot{\omega}/2\pi)$ in das nichtlineare Element hineinfließt, beträgt

$$P_{mn} = \underline{U}_{mn} \cdot \underline{I}^*_{mn} + \underline{U}^*_{mn} \cdot \underline{I}_{mn} \; . \tag{4.31}$$

Ergibt sich ein negativer Wert für P_{mn}, dann liefert das nichtlineare Element Leistung an die übrige Schaltung. Das nichtlineare Element ist für die neu entstehenden Frequenzen die Quelle.

Ferner gelten die Beziehungen [5]

$$\sum_{m=-\infty}^{+\infty} \sum_{n=-\infty}^{+\infty} m^2 \cdot \underline{U}_{mn} \cdot \underline{I}^*_{mn} = \sum_{m=0}^{\infty} \sum_{n=-\infty}^{+\infty} m^2 \left[\underline{U}_{mn} \cdot \underline{I}^*_{mn} + \underline{U}_{-m,n} \cdot \underline{I}^*_{-m,n}\right]$$

$$= \sum_{m=0}^{\infty} \sum_{n=-\infty}^{+\infty} m^2 \left[\underline{U}_{mn} \cdot \underline{I}^*_{mn} + \underline{U}^*_{m,-n} \cdot \underline{I}_{m,-n}\right] \tag{4.32}$$

$$= \sum_{m=0}^{\infty} \sum_{n=-\infty}^{+\infty} m^2 \left[\underline{U}_{mn} \cdot \underline{I}^*_{mn} + \underline{U}^*_{m,n} \cdot \underline{I}_{m,n}\right] = \sum_{m=0}^{\infty} \sum_{n=-\infty}^{+\infty} m^2 \cdot P_{mn}$$

und

$$\sum_{m=-\infty}^{+\infty} \sum_{n=-\infty}^{+\infty} \frac{m \cdot \underline{U}_{mn} \cdot \underline{I}_{mn}^*}{mf_1 + nf_0} = \sum_{m=0}^{\infty} \sum_{n=-\infty}^{+\infty} \left[\frac{m \cdot \underline{U}_{mn} \cdot \underline{I}_{mn}^*}{mf_1 + nf_0} + \frac{-m \cdot \underline{U}_{-m,n} \cdot \underline{I}_{-m,n}^*}{-mf_1 + nf_0} \right]$$

$$= \sum_{m=0}^{\infty} \sum_{n=-\infty}^{+\infty} \left[\frac{m \cdot \underline{U}_{mn} \cdot \underline{I}_{mn}^*}{mf_1 + nf_0} + \frac{m \cdot \underline{U}_{m,-n}^* \cdot \underline{I}_{m,-n}}{mf_1 - nf_0} \right]$$

$$= \sum_{m=0}^{\infty} \sum_{n=-\infty}^{+\infty} \left[\frac{m \cdot \underline{U}_{mn} \cdot \underline{I}_{mn}^*}{mf_1 + nf_0} + \frac{m \cdot \underline{U}_{mn}^* \cdot \underline{I}_{mn}}{mf_1 + nf_0} \right] \tag{4.33}$$

$$= \sum_{m=0}^{\infty} \sum_{n=-\infty}^{+\infty} \frac{m \cdot P_{mn}}{mf_1 + nf_0}$$

oder

$$\sum_{m=-\infty}^{+\infty} \sum_{n=-\infty}^{+\infty} \frac{n \cdot \underline{U}_{mn} \cdot \underline{I}_{mn}^*}{mf_1 + nf_0} = \sum_{m=-\infty}^{+\infty} \sum_{n=0}^{\infty} \frac{n \cdot P_{mn}}{mf_1 + nf_0} \tag{4.34}$$

Für nichtlineare Reaktanzen gelten für q(t) bzw. ψ(t) entsprechende
Gleichungen. Z.B. ergibt sich für eine nichtlineare Kapazität

$$q(t) = q(x,y) = \sum_{m=-\infty}^{+\infty} \sum_{n=-\infty}^{+\infty} \underline{Q}_{mn} \cdot \exp\left[j(mx + ny) \right] \qquad \text{und} \tag{4.35}$$

und

$$\underline{I}_{mn} = j(m\omega_1 + n\omega_0) \underline{Q}_{mn} \quad . \tag{4.36}$$

Für einen nichtlinearen Widerstand bzw. eine nichtlineare Reaktanz lassen sich die folgenden Gesetzmäßigkeiten für den Leistungsumsatz in diesem Bauelement aufstellen.

4.4.1 Leistungsbeziehung für den nichtlinearen Widerstand

Für den Strom im nichtlinearen Widerstand gilt bei Umnummerierung der
positiven zu negativen Werten der Indizes m und n

$$i(t) = \sum_{m=-\infty}^{+\infty} \sum_{n=-\infty}^{+\infty} \underline{I}_{mn}^* \cdot \exp\left[-j(mx + ny) \right] = i(x,y) \tag{4.37}$$

und

$$\frac{\partial^2 i}{\partial x^2} = - \sum_{m=-\infty}^{+\infty} \sum_{n=-\infty}^{+\infty} m^2 \cdot \underline{I}^*_{mn} \cdot \exp\left[-j(mx + ny)\right] \ . \tag{4.38}$$

Daraus folgt für die Leistungen

$$\sum_{m=0}^{\infty} \sum_{n=-\infty}^{+\infty} m^2 \cdot P_{mn} = \sum_{m=-\infty}^{+\infty} \sum_{n=-\infty}^{+\infty} m^2 \cdot \underline{U}_{mn} \cdot \underline{I}^*_{mn}$$

$$= \frac{1}{4\pi^2} \int_0^{2\pi} dy \int_0^{2\pi} dx \cdot u(x,y) \sum_{m=-\infty}^{+\infty} \sum_{n=-\infty}^{+\infty} m^2 \cdot \underline{I}^*_{mn} \cdot \exp\left[-j(mx + ny)\right]$$

$$= - \frac{1}{4\pi^2} \int_0^{2\pi} dy \int_0^{2\pi} dx \cdot u(x,y) \cdot \frac{\partial^2 i}{\partial x^2} = - \frac{1}{4\pi^2} \int_0^{2\pi} dy \int_0^{2\pi} u \cdot d\left(\frac{\partial i}{\partial x}\right) \tag{4.39}$$

$$= - \frac{1}{4\pi^2} \int_0^{2\pi} dy \left[u \cdot \frac{\partial i}{\partial x} \Big|_0^{2\pi} - \int_0^{2\pi} \frac{di}{du} \cdot \frac{\partial u}{\partial x} \cdot \frac{\partial u}{\partial x} \, dx \right]$$

$$= \frac{1}{4\pi^2} \int_0^{2\pi} dy \int_0^{2\pi} dx \cdot \frac{di}{du}\left(\frac{\partial u}{\partial x}\right)^2 \ .$$

Dieses Doppelintegral hat für di/du > 0 einen positiven Integranden und
ist daher stets größer als Null. Für eine nichtlineare Widerstandskenn-
linie I = f(U) ohne einen Kennlinienast mit negativer Steigung gilt daher stets

$$\sum_{m=0}^{\infty} \sum_{n=-\infty}^{+\infty} m^2 \cdot P_{mn} > 0 \ . \tag{4.40}$$

Für einen Frequenzvervielfacher mit nichtlinearem Wirkwiderstand ergibt sich daher bei Vervielfachung von der Frequenz ω_1 auf die Frequenz
$m\omega_1$ die Beziehung

$$P_{10} + m^2 \cdot P_{m0} > 0 \ . \tag{4.41}$$

Andere Frequenzen sollen nicht auftreten. Die Leistung P_{10} wird in den
nichtlinearen Widerstand eingespeist, P_{m0} ist negativ und wird als Ober-
wellenleistung vom nichtlinearen Widerstand abgegeben. Darum gilt

$$\left| \frac{P_{m0}}{P_{10}} \right| < \frac{1}{m^2} \ . \tag{4.42}$$

Der Wirkungsgrad des Vervielfachers ist stets schlechter als $1/m^2$ mit m als Vervielfachungsfaktor. Der Rest der zugeführten Leistung P_{10} wird im nichtlinearen Widerstand in Wärme umgesetzt.

Bessere Wirkungsgrade sind nur mit Kennlinien zu erzielen, die Äste mit negativer Steigung besitzen, wie z.B. Tunneldioden.

4.4.2 Leistungsbeziehungen für eine nichtlineare Kapazität

Für eine Kapazität mit der nichtlinearen Kennlinie $U = f(Q)$ ergibt sich entsprechend

$$\underline{I}^{*}_{mn} = -j\left(m\omega_1 + n\omega_0\right)\underline{Q}^{*}_{mn} \tag{4.43}$$

$$\frac{\partial q}{\partial x} = - \sum_{m=-\infty}^{+\infty} \sum_{n=-\infty}^{+\infty} jm\cdot\underline{Q}^{*}_{mn}\cdot\exp\left[-j\left(mx + ny\right)\right] \tag{4.44}$$

$$\sum_{m=-\infty}^{+\infty} \sum_{n=-\infty}^{+\infty} jm\cdot\underline{Q}^{*}_{mn}\cdot\underline{U}_{mn}$$

$$= \frac{1}{4\pi^2} \int_0^{2\pi} dy \int_0^{2\pi} dx\cdot u(x,y) \sum_{m=-\infty}^{+\infty} \sum_{n=-\infty}^{+\infty} jm\cdot\underline{Q}^{*}_{mn}\cdot\exp\left[-j\left(mx + ny\right)\right] \tag{4.45}$$

$$\sum_{m=-\infty}^{+\infty} \sum_{n=-\infty}^{+\infty} \frac{m\cdot\underline{U}_{mn}\cdot\underline{I}^{*}_{mn}}{m\omega_1 + n\omega_0} = \frac{1}{4\pi^2} \int_0^{2\pi} dy \int_0^{2\pi} dx\cdot u(x,y)\,\frac{\partial q}{\partial x} \tag{4.46}$$

$$\sum_{m=0}^{\infty} \sum_{n=-\infty}^{+\infty} \frac{m\cdot P_{mn}}{mf_1 + nf_0} = \frac{1}{2\pi} \int_0^{2\pi} dy \oint u\,dq \tag{4.47}$$

Da für eine verlustfreie Kapazität $\oint u\,dq = 0$ gilt, ergibt sich

$$\sum_{m=0}^{\infty} \sum_{n=-\infty}^{+\infty} \frac{m\cdot P_{mn}}{mf_1 + nf_0} = 0 \tag{4.48}$$

bzw. bei Benutzung von $\partial q/\partial y$ in Gl. 4.46 anstelle von $\partial q/\partial x$

$$\sum_{m=-\infty}^{+\infty} \sum_{n=0}^{\infty} \frac{n\cdot P_{mn}}{mf_1 + nf_0} = 0 \tag{4.49}$$

Wendet man diese Beziehungen auf Frequenzumsetzer an und treten nur die Frequenzen f_1, f_0 und $f_0 + f_1$ auf, so gilt

$$\frac{P_{10}}{f_1} + \frac{P_{11}}{f_0 + f_1} = 0 \quad , \quad \frac{P_{01}}{f_0} + \frac{P_{11}}{f_0 + f_1} = 0 \tag{4.50}$$

$$P_{11} = -P_{10}\,\frac{f_0 + f_1}{f_1} = -P_{01}\,\frac{f_0 + f_1}{f_0} = -P_{10} - P_{01} \; . \tag{4.51}$$

Die Leistungen P_{10} und P_{01} werden zugeführt, $|P_{11}| = P_{10} + P_{01}$ wird abgegeben. In der Reaktanz wird keine Leistung verbraucht, da sie als verlustlos angenommen wurde. Verlustlosigkeit kann bei Kapazitätsdioden genügend weit unterhalb ihrer Grenzfrequenz als gegeben angenommen werden. In einem Reaktanzumsetzer wird die Signalleistung P_{10} auf die abgegebene Leistung P_{11} um den Faktor $(f_0 + f_1)/f_1$ verstärkt.

Für einen Frequenzumsetzer mit den Frequenzen f_1, f_0 und $f_0 - f_1$ gilt

$$\frac{P_{10}}{f_1} - \frac{P_{-1,1}}{f_0 - f_1} = 0 \quad , \quad \frac{P_{01}}{f_0} + \frac{P_{-1,1}}{f_0 - f_1} = 0 \; . \tag{4.52}$$

$$P_{-1,1} = P_{10}\,\frac{f_0 - f_1}{f_1} = -P_{01}\,\frac{f_0 - f_1}{f_0} = -P_{10} - P_{01} \; . \tag{4.53}$$

Hier wird nur die Leistung P_{01} zugeführt. Das ist allerdings die Leistung bei der höchsten auftretenden Frequenz. P_{10} ist negativ und entdämpft den Eingangssignalkreis. Daher braucht nur sehr wenig Signalleistung zugeführt zu werden, und man erhält eine sehr hohe Verstärkung für den Umsetzer. Die Anwendung dieses Effektes wird im Kap. 9.3 bei den parametrischen Schaltungen näher behandelt.

Die Gl. 4.48 und 4.49 lassen sich auch durch die Beziehung

$$\sum_i (P_i/f_i) \cdot (\partial f_i/\partial f_k) = 0$$

darstellen. Darin bedeuten f_i alle durch die Ansteuerart zugelassenen Frequenzen $mf_1 + nf_0$ und P_i die zugehörigen Leistungen P_{mn}, sowie f_k mit $k = 0$ und 1 die Frequenzen f_0 und f_1 der Quellen. Diese Darstellung gilt auch für Netzwerke mit mehr als zwei Quellen und nichtlinearer, verlustloser Reaktanz.

4.4.3 Kleinsignaltheorie

Wenn nur die Amplitude der speisenden Frequenz ω_1 groß ist und alle anderen Amplituden der übrigen Frequenzen klein sind, lassen sich diese Amplituden linear miteinander verknüpfen. Die Verknüpfungsmatrix besteht bei einem nichtlinearen Wirkwiderstand aus Leitwerten, die die kleinen Stromamplituden mit den Spannungsamplituden verknüpfen. Bei einer nichtlinearen Kapazität besteht die Matrix aus Kapazitäten, die Spannungen und Ladungen verknüpfen.

Für eine nichtlineare Kennlinie $I = f(U)$ gilt

$$
\begin{aligned}
\underline{I}_{mn} &= \frac{1}{4\pi^2} \int_0^{2\pi} dx \int_0^{2\pi} dy \cdot f\left[u(x,y)\right] \exp\left[-j(mx+ny)\right] \\[2mm]
&= \frac{1}{4\pi^2} \int_0^{2\pi} dx \int_0^{2\pi} f\left[u(x,y)\right] \frac{\partial\left\{\exp\left[-j(mx+ny)\right]\right\}}{-jn} \\[2mm]
&= \frac{1}{4\pi^2} \int_0^{2\pi} dx \int_0^{2\pi} \frac{di}{du} \frac{\partial u}{\partial y} \frac{1}{jn} \exp\left[-j(mx+ny)\right] dy \\[2mm]
&= \frac{1}{4\pi^2} \int_0^{2\pi} dx \int_0^{2\pi} \frac{di}{du} \frac{1}{n} \exp\left[-j(mx+ny)\right] \sum_{\mu=-\infty}^{+\infty} \sum_{v=-\infty}^{+\infty} v\,\underline{U}_{\mu v} \cdot \exp\left[j(\mu x + vy)\right] dy
\end{aligned}
$$

(4.54)

und

$$
\frac{di}{du} = G\left[u(x,y)\right] = \sum_{k=-\infty}^{+\infty} \sum_{l=-\infty}^{+\infty} \underline{G}_{kl} \cdot \exp\left[j(kx+ly)\right] \ .
$$

(4.55)

Denn di/du ist ebenfalls in x und y eine doppelperiodische Funktion. Daraus folgt

$$
\underline{I}_{mn} = \frac{1}{4\pi^2} \int_0^{2\pi} dx \int_0^{2\pi} dy \sum_{k=-\infty}^{+\infty} \sum_{l=-\infty}^{+\infty} \sum_{\mu=-\infty}^{+\infty} \sum_{v=-\infty}^{+\infty} \frac{v}{n} \underline{U}_{\mu v} \cdot \underline{G}_{kl} \exp\left\{j\left[(\mu+k-m)x + (v+l-n)y\right]\right\}
$$

(4.56)

$$
\underline{I}_{mn} = \frac{1}{4\pi^2} \sum_{k=-\infty}^{+\infty} \sum_{l=-\infty}^{+\infty} \sum_{\mu=-\infty}^{+\infty} \sum_{v=-\infty}^{+\infty} \frac{v}{n} \underline{U}_{\mu v} \cdot \underline{G}_{kl} \int_0^{2\pi} dx \int_0^{2\pi} dy \exp\left\{j\left[(\mu+k-m)x + (v+l-n)y\right]\right\}
$$

(4.57)

Das Doppelintegral ist Null außer für

$$\mu + k - m = 0 \tag{4.58}$$

und

$$\nu + l - n = 0 \tag{4.59}$$

Wenn die Bedingungen der Gl. 4.58 und Gl. 4.59 erfüllt sind, hat das Integral den Wert $4\pi^2$. Dann wird

$$\underline{I}_{mn} = \sum_{\mu=-\infty}^{+\infty} \sum_{\nu=-\infty}^{+\infty} \frac{\nu}{n} \underline{U}_{\mu\nu} \cdot \underline{G}_{m-\mu,n-\nu} \quad . \tag{4.60}$$

Diese Beziehung ist noch nichtlinear, da die Größen $\underline{G}_{kl}$ von den Werten $\underline{U}_{\mu\nu}$, die die Funktion $u(x,y)$ bilden, abhängen. Diese Nichtlinearität entfällt erst durch die Annahme $\underline{U}_{\mu 0} \gg \underline{U}_{\mu\nu}$ für $\nu \neq 0$, wodurch $\underline{G}_{kl} = 0$ für $l \neq 0$ wird. Beschränkt man sich noch auf die Werte $\mu,\nu = -1,0,+1$, so erhält man

$$\underline{I}_{mn} = \sum_{\mu=-1}^{+1} \sum_{\nu=-1}^{+1} \frac{\nu}{n} \underline{G}_{m-\mu,n-\nu} \cdot \underline{U}_{\mu\nu} \quad . \tag{4.61}$$

Von den Summanden der Doppelsumme treten die mit dem Index $\nu = 0$ nicht auf, die mit $\nu = -1$ entfallen und die mit $n = -1$ sind konjugiert komplex zu denen mit $n = +1$. Setzt man noch $\underline{U}_{-1,1} = \underline{U}^*_{1,-1}$ ein, so läßt sich obige Gleichung als Matrix schreiben

$$\begin{pmatrix} \underline{I}_{11} \\ \underline{I}_{01} \\ \underline{I}^*_{1,-1} \end{pmatrix} = \begin{pmatrix} \underline{G}_{00} & \underline{G}_{10} & \underline{G}_{20} \\ \underline{G}^*_{10} & \underline{G}_{00} & \underline{G}_{10} \\ \underline{G}^*_{20} & \underline{G}^*_{10} & \underline{G}_{00} \end{pmatrix} \begin{pmatrix} \underline{U}_{11} \\ \underline{U}_{01} \\ \underline{U}^*_{1,-1} \end{pmatrix} \quad . \tag{4.62}$$

In dieser Matrix tritt die große Amplitude $\underline{U}_{10}$ nicht mehr auf. $\underline{U}_{10}$ geht aber in die Berechnung von $\underline{G}_{k0}$ ein, denn es gilt

$$\underline{G}_{k0} = \frac{1}{2\pi} \int_0^{2\pi} G\left\{ \sum_{\mu=-1}^{+1} \underline{U}_{\mu 0} \exp(j\mu x) \right\} \exp(-jkx)\,dx \quad . \tag{4.63}$$

In die Berechnung von $\underline{G}_{k0}$ gehen aber die Amplituden $\underline{U}_{\mu 1}$ nicht mehr ein und damit ist das Matrix-Gleichungssystem linear.

Diese Kleinsignaltheorie findet vor allem bei der Berechnung parametrischer Schaltungen Anwendung [6].

Im Falle einer nichtlinearen Kapazität gilt entsprechend

$$\begin{pmatrix} \underline{Q}_{11} \\ \underline{Q}_{01} \\ \underline{Q}_{1,-1}^{*} \end{pmatrix} = \begin{pmatrix} \underline{C}_{00} & \underline{C}_{10} & \underline{C}_{20} \\ \underline{C}_{10}^{*} & \underline{C}_{00} & \underline{C}_{10} \\ \underline{C}_{20}^{*} & \underline{C}_{10}^{*} & \underline{C}_{00} \end{pmatrix} \begin{pmatrix} \underline{U}_{11} \\ \underline{U}_{01} \\ \underline{U}_{1,-1}^{*} \end{pmatrix} \; . \tag{4.64}$$

Wenn in der Schaltung nicht nur die Frequenzen ω_1, ω_0 und $\pm(\omega_1 \pm \omega_0)$ auftreten, sondern auch noch andere Kombinationsfrequenzen, dann läßt sich die Matrix in gleicher Weise aufstellen. Allerdings Matrixelemente mit $\underline{G}_{kl}$ bzw. $\underline{C}_{kl}$ für $l \neq 0$ haben wieder den Wert Null, wenn $\underline{U}_{\mu\nu}$ gegen $\underline{U}_{\mu 0}$ vernachlässigbar ist.

Die Berechnung der Matrixelemente ist sehr einfach.

Beispiel 6:

Aus einer Kennlinie $I = aU^3$ folgt

$$\frac{dI}{dU} = G(U) = 3aU^2 \; . \tag{4.65}$$

Mit

$$u(t) = U_{00} + \underline{U}_{10} \exp(j\omega_1 t) + \underline{U}_{10}^{*} \exp(-j\omega_1 t) \tag{4.66}$$

ergibt sich

$$G[u(t)] = 3a\left[U_{00}^2 + 2|\underline{U}_{10}|^2 + 2U_{00} \cdot \underline{U}_{10} \cdot \exp(j\omega_1 t) \right.$$

$$\left. + 2U_{00} \cdot \underline{U}_{10}^{*} \exp(-j\omega_1 t) + \underline{U}_{10}^2 \exp(j2\omega_1 t) \right. \tag{4.67}$$

$$\left. + \underline{U}_{10}^{*2} \exp(-j2\omega_1 t) \right] \; .$$

Daraus folgt

$$G_{00} = 3a\left(U_{00}^2 + 2|\underline{U}_{10}|^2 \right) \tag{4.68}$$

$$\underline{G}_{10} = 6a\, U_{00} \cdot \underline{U}_{10} \quad , \quad \underline{G}_{20} = 3a\, \underline{U}_{10}^2 \; . \tag{4.69}$$

4.5 Steuerkennlinienfelder

Als Steuerkennlinien bezeichnet man die Verhältnisse

$$R_1 = \hat{u}_1/\hat{\imath}_1 \quad , \quad C_1 = \hat{q}_1/\hat{u}_1 \quad , \quad L_1 = \hat{\psi}_1/\hat{\imath}_1 \tag{4.70}$$

in Abhängigkeit vom Arbeitspunkt U_O oder I_O. Dabei sind $\hat{u}_1$, $\hat{\imath}_1$, $\hat{q}_1$ und $\hat{\psi}_1$ die Amplituden der Grundwelle am nichtlinearen Bauelement bei der eingespeisten Frequenz. Allerdings hängen diese Verhältnisse Grundwellen-widerstand, Grundwellenkapazität und Grundwelleninduktivität auch von der Ansteuerart und der aussteuernden Amplitude ab.

Für eine Kapazitätsdiode mit der Kennlinie

$$U = \frac{1}{C_O} \left(Q - \frac{Q^2}{4C_O\varphi} \right) \tag{4.71}$$

gilt z.B. mit

$$q(t) = Q_O + \hat{q}_1 \cos \omega t \tag{4.72}$$

$$u(t) = \frac{1}{C_O} \left[Q_O + \hat{q}_1 \cdot \cos\omega t - \frac{1}{4C_O\varphi} \left(Q_O^2 + 2Q_O \cdot \hat{q}_1 \cdot \cos\omega t + \frac{1}{2} \cdot \hat{q}_1^2 + \frac{1}{2} \cdot \hat{q}_1^2 \cdot \cos 2\omega t \right) \right] \tag{4.73}$$

Also ist

$$U_O = \frac{1}{C_O} Q_O - \frac{1}{4C_O^2\varphi} \left(Q_O^2 + \frac{1}{2} \hat{q}_1^2 \right) = \varphi - \frac{(2C_O\varphi - Q_O)^2}{4C_O^2\varphi} - \frac{\hat{q}_1^2}{8C_O^2\varphi} \tag{4.74}$$

$$\hat{u}_1 = \frac{1}{C_O} \hat{q}_1 - \frac{Q_O}{2C_O^2\varphi} \hat{q}_1 = \frac{2C_O\varphi - Q_O}{2C_O^2\varphi} \hat{q}_1 \tag{4.75}$$

$$C_1 = \frac{\hat{q}_1}{\hat{u}_1} = \frac{2C_O^2\varphi}{2C_O\varphi - Q_O} = C_O \frac{1}{\sqrt{1 - \dfrac{U_O}{\varphi} - \dfrac{\hat{q}_1^2}{8C_O^2\varphi^2}}} \tag{4.76}$$

Die Grundwellenkapazität C_1 hängt vom Arbeitspunkt U_O, von der Amplitude $\hat{q}_1$ und der Ansteuerart Ladungs- bzw. Stromansteuerung ab. Bei Spannungsansteuerung ergibt sich eine andere Steuerkennlinie.

Die Abhängigkeit der Steuerkennlinie von der aussteuernden Amplitude
führt zu unsymmetrischen Resonanzkurven, wenn die nichtlineare Kapazität
als Bauelement eines Schwingkreises verwendet wird. Diese Unsymmetrie
kann bei Kreisen hinreichend hoher Güte zu Instabilitäten führen. Die
Kapazität C_1 steigt mit zunehmender Amplitude $\hat{q}_1$. Die Erhöhung beträgt
allerdings nur einige Prozent. Für einen Schwingkreis mit linearer, am-
plitudenunabhängiger, konstanter Induktivität und einer nichtlinearen
Kapazität bedeutet dies, daß sich mit wachsender Schwingkreisamplitude

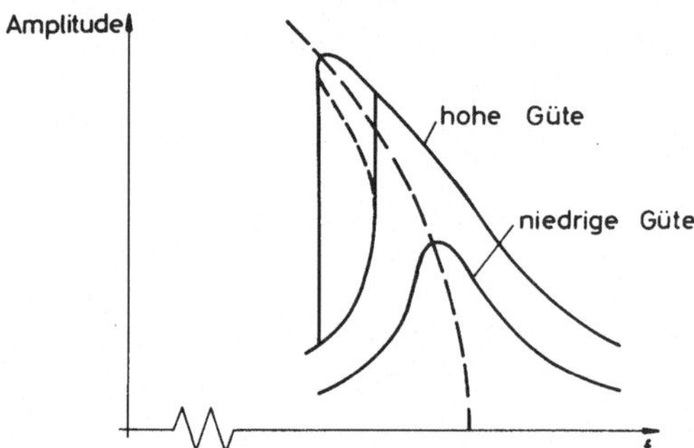

Bild 4.22 Resonanzkurven bei nicht-
         linearer Kapazität für
         verschiedene Kreisgüten

die Resonanzfrequenz verringert. Bild 4.22 zeigt solche Resonanzkurven.
Bei fester eingespeister Frequenz läßt sich die Kapazität C_1 mit U_O verändern. Dann entstehen Resonanzkurven abhängig von U_O, wie sie Bild 4.23
zeigt. Bei höherer Schwingkreisamplitude ist für die Resonanz ein nega-
tiverer Arbeitspunkt U_O nötig. Beim Durchstimmen entstehen im Bereich
der überhängenden Resonanzkurven Amplitudensprünge, die über parametrische Effekte zu Kippschwingungen führen können. Entsprechende Effekte
treten auch bei nichtlinearen Induktivitäten im Schwingkreis auf.

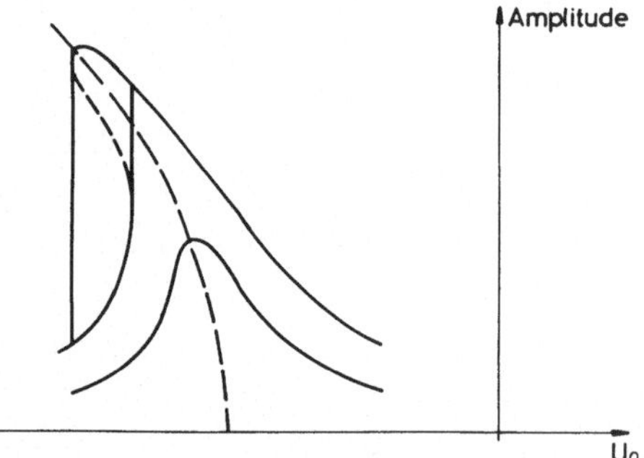

Bild 4.23 Resonanzkurven mit abstimm-
         barer nichtlinearer Kapazität
         für verschiedene Kreisgüten

Gegentaktschaltungen mit zwei nichtlinearen Bauelementen haben die
Steuerkennlinien des einzelnen Elementes bei entsprechender Ansteuerart, aber der in der Schaltung entstehende Oberwellengehalt ist gerin-
ger als bei einem Einzelelement.

Die Abhängigkeit der Steuerkennlinien von der Ansteuerart und der aussteuernden Amplitude hat noch einen weiteren, störenden Effekt. Wird
das nichtlineare Bauelement von den Amplituden einer Nutzfrequenz ω_N
und einer Störfrequenz ω_S ausgesteuert, so hängt das Grundwellenver-
hältnis auch von der Amplitude der Störfrequenz ab. Z.B. gilt für eine
Kapazitätsdiode

$$C_1 = C_O \frac{1}{\sqrt{1 - \dfrac{U_O}{\varphi} - \dfrac{\hat{q}_N^2 + \hat{q}_S^2}{8C_O^2\varphi^2}}} \qquad\qquad (4.77)$$

Ist die Amplitude $\hat{q}_S$ der Störfrequenz amplitudenmoduliert, dann wird
sich C_1 auch im Takte der Modulation ändern, und der Modulationsinhalt
der Störfrequenz wird möglicherweise auf die Amplitude $\hat{q}_N$ der Nutzfrequenz übersprechen. Zur Erfassung dieses Problems soll bei der Abhängigkeit von der Aussteueramplitude zwischen Eigen- und Störsteuerkennlinien unterschieden werden. Bei den Anwendungen in Kapitel 9.4 werden
diese Fragen näher behandelt.

Eine sehr viel stärkere Abhängigkeit der Steuerkennlinie von der Aussteueramplitude erhält man bei gekoppelten Steuerkennlinien. Bei diesen
ist durch die Schaltung der Arbeitspunkt und die Aussteueramplitude miteinander verbunden. Ein Beispiel dafür ist eine auch als Spitzengleich-
richter betriebene Kapazitätsdiode. Bild 4.24 zeigt das Schaltbild und
die Eigensteuerkennlinien. Zwischen dem Arbeitspunkt U_O und der Aussteueramplitude $\hat{u}_1$ für Spannungsansteuerung gilt näherungsweise $\hat{u}_1 = -U_O$.
Während die Grundwellenkapazität nur wenig mit $\hat{u}_1$ steigt, fällt bei der
mit U_O gekoppelten Amplitude $\hat{u}_1$ die Kapazität C_1 sehr stark mit stei-
gendem $\hat{u}_1$ ab.

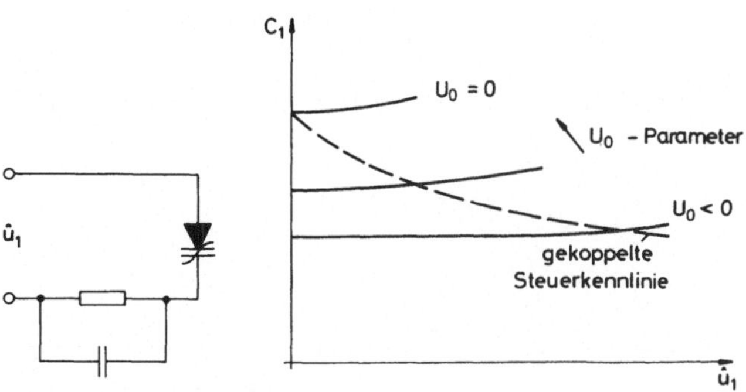

Bild 4.24 Gekoppelte Steuerkennlinie einer Kapazitätsdiode

5 Einschwingverhalten nichtlinearer Schaltungen

Das Einschwingverhalten der Ströme und Spannungen in <u>linearen</u> Schaltungen läßt sich durch <u>lineare</u> Differentialgleichungen beschreiben. Die Lösung setzt sich zusammen aus den Lösungen der homogenen Differentialgleichung und der partikulären Lösung für die Störungsfunktion. Diese Trennung in Ausgleichsvorgang und stationäre Lösung ist bei Schaltungen mit <u>nichtlinearen</u> Bauelementen, die durch <u>nichtlineare</u> Differentialgleichungen beschrieben werden, nicht möglich.
Einige bestimmte nichtlineare Differentialgleichungen lassen sich funktional lösen. Für alle übrigen können nur grafische oder numerische Lösungsmethoden angegeben werden [3].

5.1 Lösung nichtlinearer Differentialgleichungen

5.1.1 <u>Nichtlineare Differentialgleichung 1. Ordnung mit zeitunabhängiger Störungsfunktion</u>

Lösbar sind Differentialgleichungen vom

$$\text{Typ A} : f(x) + a\dot{x} = b \qquad (5.1)$$

$$\text{Typ B} : f'(x)\cdot\dot{x} + ax = b \qquad (5.2)$$

Durch Trennung der Variablen ergibt sich beim

$$\text{Typ A} : dt = \frac{a\,dx}{b - f(x)} \ , \ t(x) = \int_{x_0}^{x} \frac{a\,d\xi}{b - f(\xi)} \qquad (5.3)$$

$$\text{Typ B} : dt = \frac{f'(x)\cdot dx}{b - ax} \ , \ t(x) = \int_{x_0}^{x} f'(\xi)\frac{d\xi}{b - a\xi} \qquad (5.4)$$

mit $x = x_0$ bei $t = 0$.

Aus $t(x)$ folgt durch Umkehrung die Lösung $x(t)$. Alle Ausschaltvorgänge sind bei Differentialgleichungen 1. Ordnung entsprechend berechenbar. Die Kennlinie des nichtlinearen Elementes muß eindeutig, d.h. hysteresefrei sein.

Bild 5.1 zeigt Beispiele für den Typ A.

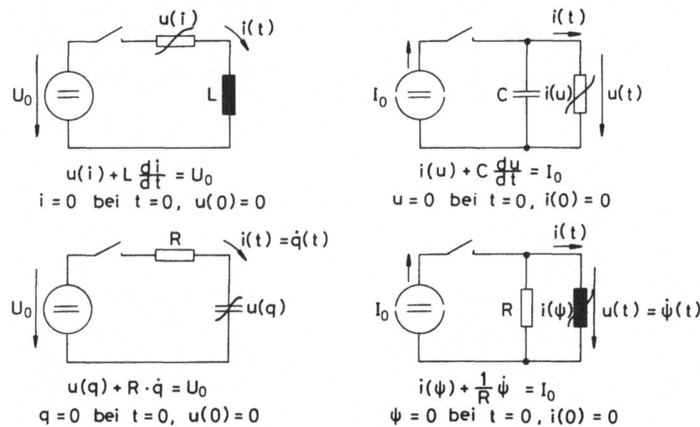

Bild 5.1 Einschaltvorgänge bei Differentialgleichungen von Typ A

Bild 5.2 zeigt Beispiele für den Typ B.

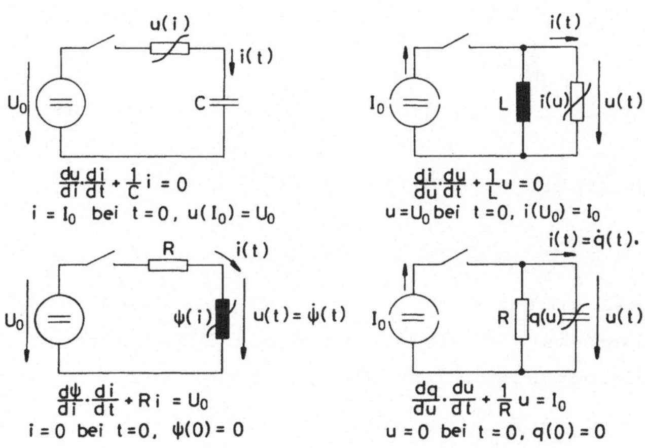

Bild 5.2 Einschaltvorgänge bei Differentialgleichungen von Typ B

Wenn eine Schaltung mehr als ein lineares Bauelement besitzt, lassen sich diese zusammenfassen, falls sie vom gleichem Typ (Wirkwiderstände, Induktivitäten oder Kapazitäten) sind. So läßt sich für eine Schaltung nach Bild 5.3 die Differentialgleichung

$$\frac{d\psi}{di} \cdot \frac{di}{dt} + i \cdot \frac{R_1 \, R_2}{R_1 + R_2} = U_O \frac{R_2}{R_1 + R_2} \qquad\qquad (5.5)$$

angeben und als Typ B lösen.

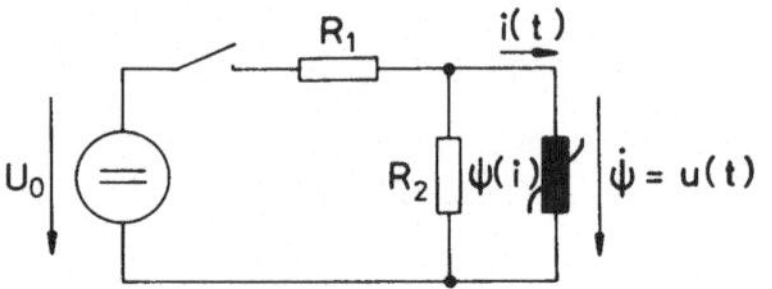

Bild 5.3 Einschaltvorgang für
nichtlineare Induktivität
mit zwei linearen Wider-
ständen

5.1.2 Nichtlineare Differentialgleichung 2. Ordnung bei einem verlust-freien Schwingkreis

In Bild 5.4 entlädt sich ein auf die Spannung U_O aufgeladener Kondensator mit der Kapazität C über eine nichtlineare Induktivität. Es gilt

$$i(\psi) + \frac{dq}{dt} = O \ , \ i(\psi) + C \frac{d^2\psi}{dt^2} = O \qquad\qquad (5.6)$$

mit $\psi = O$ und $\dot{\psi} = U_O$ bei $t = O$.

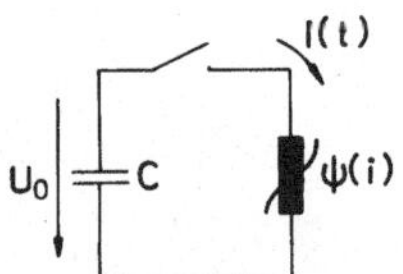

Bild 5.4 Verlustloser Schwingkreis

Man erhält eine Differentialgleichung vom Typ

$$\ddot{x} + a \cdot f(x) = O \ . \qquad\qquad (5.7)$$

Diese ergibt sich bei Entladungen über L und C, wobei ein Element nichtlinear ist, teilweise auch bei Einschaltvorgängen von verlustlosen Schwingkreisen. Ihre Lösung folgt aus

$$\dot{x} \, \ddot{x} = -a\dot{x} \, f(x) \qquad\qquad (5.8)$$

$$\frac{1}{2} \frac{d}{dt} (\dot{x})^2 = -a\dot{x} \, f(x) \qquad\qquad (5.9)$$

$$\dot{x}^2 - \dot{x}_O^2 = -2a \int_{x_O}^{x} f(\xi) d\xi \qquad\qquad (5.10)$$

$$\frac{dx}{dt} = \sqrt{2a} \cdot \sqrt{\int\limits_{x}^{x_O} f(\xi)\,d\xi + \frac{\dot{x}_O^{\,2}}{2a}} \qquad (5.11)$$

$$t(x) = \frac{1}{\sqrt{2a}} \int\limits_{x_O}^{x} \frac{d\eta}{\sqrt{\int\limits_{\eta}^{x_O} f(\xi)\,d\xi + \frac{\dot{x}_O^{\,2}}{2a}}} \qquad (5.12)$$

mit $x = x_O$, $\dot{x} = \dot{x}_O$ bei $t = 0$ und daraus durch Umkehrung die Funktion $x(t)$.

Die entstehenden Integrale, genau wie auch in Kapitel 5.1.1, lassen sich meistens nur numerisch lösen.

5.2 Grafische Lösungsmethoden

Unter den vielen Verfahren zur Lösung nichtlinearer Differentialgleichungen sollen hier nur die Isoklinen-Methode, die Methode der Phasenebene und die δ-Methode vorgestellt werden.

5.2.1 Isoklinen-Methode

Dieses Verfahren eignet sich zur Lösung von nichtlinearen Differentialgleichungen 1. Ordnung mit zeitabhängiger Störungsfunktion. Diese Gleichungen lassen sich auf die Form

$$\dot{x} = f(x,t) \qquad (5.13)$$

bringen.

Die Anfangsbedingung lautet $x = x_O$ bei $t = 0$. Trägt man, wie in Bild 5.5 gezeigt, in einer x-t-Ebene Kurven $f(x,t) = \dot{x} = $ const. auf, so sind diese Kurven die Orte gleicher Steigung, die Isoklinen. Die Isokline, die bei $t = 0$ die x-Achse bei x_O schneidet, ergibt in x_O die Steigung $\dot{x}_O$ für die Lösungsfunktion $x(t)$. Durch Aneinanderreihen der Steigungen $\dot{x}$ läßt sich, wie in Bild 5.5, der zeitliche Verlauf $x(t)$ konstruieren. Je dichter die Isoklinen gezeichnet wurden, desto genauer wird $x(t)$.

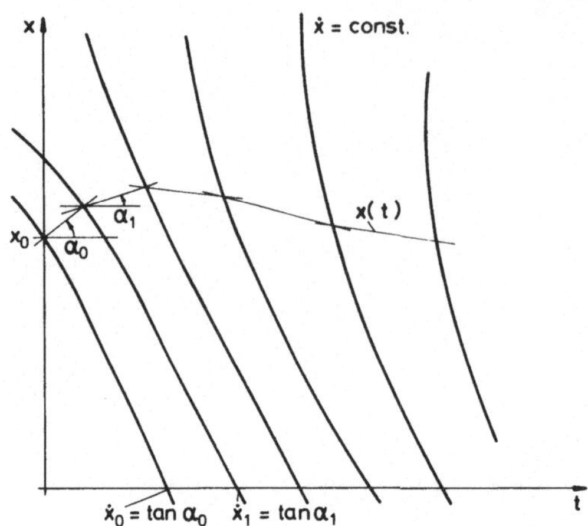

Bild 5.5 Isoklinen-Methode

Als Beispiel soll eine nichtlineare Kapazität über einen Widerstand von einer Rampenfunktion negativ aufgeladen werden. Bild 5.6 zeigt die Schaltung und Bild 5.7 die Lösung in der q-t-Ebene. Aus q(t) lassen sich der Strom i(t) = dq/dt und die Spannung u[q(t)] ermitteln.

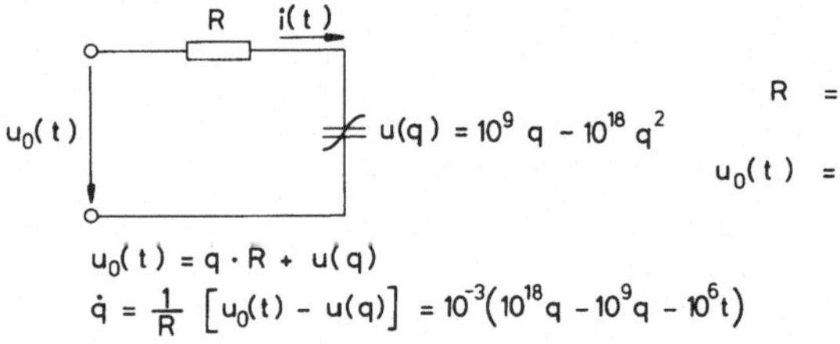

$$u_0(t) = q \cdot R + u(q)$$
$$\dot{q} = \frac{1}{R}\left[u_0(t) - u(q)\right] = 10^{-3}\left(10^{18}q - 10^{9}q - 10^{6}t\right)$$

Bild 5.6
Aufladung einer
nichtlinearen Kapazität

Die Isoklinen-Methode ist besonders für Störungsfunktionen geeignet, die sich zeitlich langsam ändern. Die Methode eignet sich schlecht für Einschaltvorgänge mit trägerfrequenten Störungsfunktionen, da sie dann sehr aufwendig und ungenau wird.

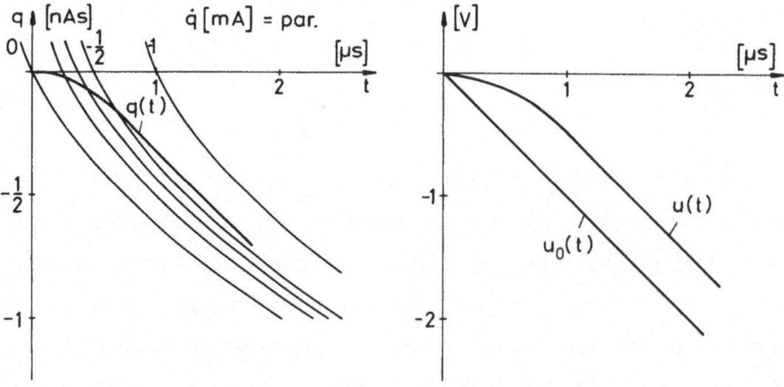

Bild 5.7 Grafische Lösung nach der Isoklinen-Methode

5.2.2 <u>Methode der Phasenebene</u>

Mit diesem Verfahren können nichtlineare Differentialgleichungen 2. Ordnung gelöst werden, in denen die unabhängige Variable t nicht explizit vorkommt. Solche Gleichungen lassen sich auf die Form

$$\ddot{x} + f(\dot{x},x) = 0 \qquad\qquad (5.14)$$

bringen. Die Anfangsbedingungen lauten $\dot{x}_O$ und x_O bei $t = 0$. Setzt man in der Differentialgleichung

$$\dot{x} = y, \quad \ddot{x} = \dot{y} = \frac{dy}{dx}\dot{x} = y\frac{dy}{dx} \qquad\qquad (5.15)$$

so erhält man

$$y\frac{dy}{dx} + f(y,x) = 0 \qquad\qquad (5.16)$$

$$\frac{dy}{dx} = -\frac{f(y,x)}{y} \quad . \qquad\qquad (5.17)$$

Daraus läßt sich nach der Isoklinen-Methode $y(x)$ mit $\dot{x}_O = y_O$ bei $t = 0$ ermitteln. Aus $y(x) = dx/dt$ folgt dann

$$t(x) = \int_{x_O}^{x} \frac{d\xi}{y(\xi)} \qquad\qquad (5.18)$$

und daraus die Lösung $x(t)$.

Als Phasenebene bezeichnet man die $\dot{x}$-x-Ebene, in der die Isoklinen $\dot{x}(x)$ aufgetragen werden.

Diese Methode eignet sich zur Berechnung des Einschwingverhaltens gedämpfter Schwingkreise mit einer nichtlinearen Reaktanz und zeitunabhängiger Störungsfunktion.

Bild 5.8 zeigt ein entsprechendes Beispiel. Die Phasenebene mit den Isoklinen ist in Bild 5.9a aufgezeichnet. Aus dem Ergebnis $\dot{q}(q)$ dieses Bildes läßt sich $1/\dot{q} = f(q)$ bestimmen, wie in Bild 5.9b gezeigt wird. Daraus folgt durch grafische Integration $t(q)$. Die schraffierten Flächen entsprechen jeweils einer Zeit von $0,4\ \mu s$. Dabei wird die Bestimmung der Zeit t an denjenigen Stellen ungenau, an denen $1/\dot{q}$ unendlich

wird. Der Verlauf von q(t) in Bild 5.9c ist eine gedämpfte Schwingung,
die dem Endwert q_e, dem Schnittpunkt der Isoklinen im Bild 5.9a, zu-
strebt.

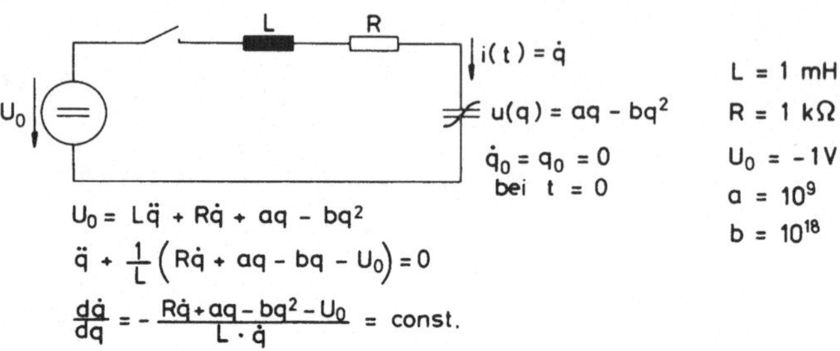

Bild 5.8 Einschaltvorgang in einem gedämpften Schwingkreis

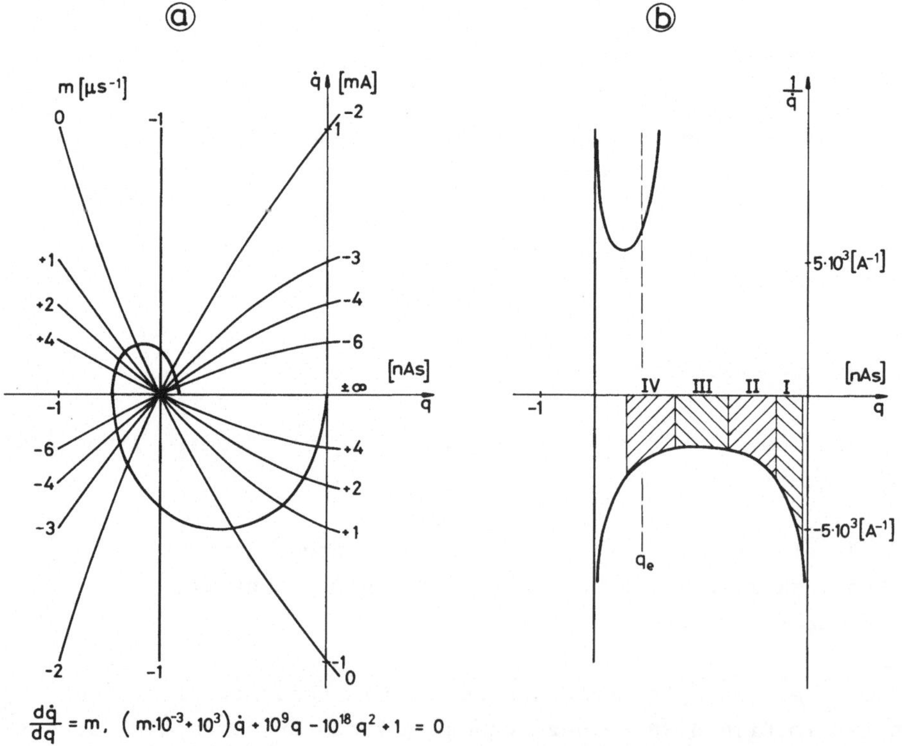

$$\frac{d\dot{q}}{dq} = m, \quad \left(m\cdot10^{-3} + 10^3\right)\dot{q} + 10^9 q - 10^{18} q^2 + 1 = 0$$

Bild 5.9 a-c Darstellung der Lösung in der Phasenebene

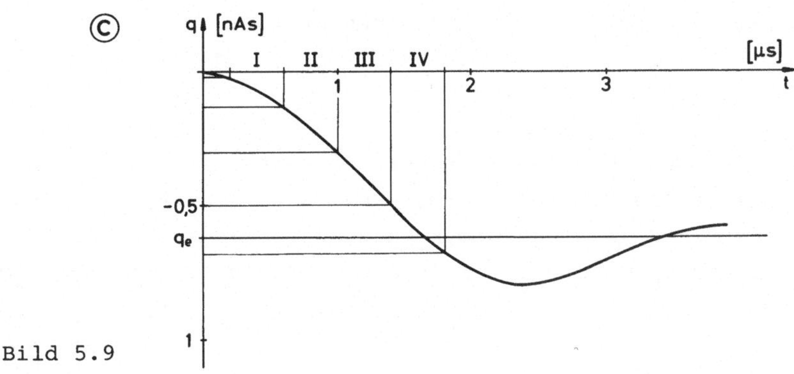

Bild 5.9

5.2.3 δ-Methode

Bei gedämpften Schwingkreisen mit zeitabhängiger Störungsfunktion läßt sich die nichtlineare Differentialgleichung durch

$$\ddot{x} + f(\dot{x},x,t) = 0 \tag{5.19}$$

darstellen.

Diese läßt sich auch in der Phasenebene darstellen als

$$y \frac{dy}{dx} + x + \left[f(y,x,t) - x \right] = 0 \tag{5.20}$$

Bezeichnet man den Ausdruck $f(y,x,t)-x$ mit δ, so ergibt sich

$$\frac{dy}{dx} = - \frac{x + \delta}{y} \tag{5.21}$$

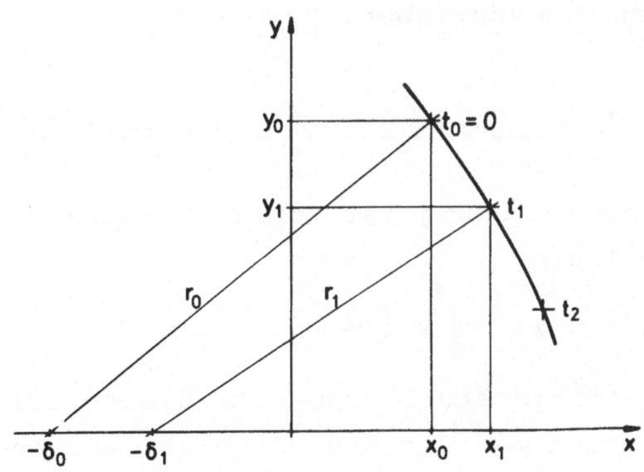

Bild 5.10 Darstellung der δ-Methode in der Phasenebene

Das ist aber die Darstellung eines Kreises

$$y^2 + (x + \delta)^2 = r^2 \qquad (5.22)$$

in der Phasenebene; dabei ist r^2 die Integrationskonstante. δ wird für
kurze Zeit als Konstante angesehen. Dann besteht die Funktion $y(x)$ für
diese kurze Zeit aus einem kurzen Kreisbogen. Aus den Anfangsbedingun-
gen x_0 und $y_0 = \dot{x}_0$ zur Zeit $t = 0$ läßt sich δ_0 berechnen und der erste
Kreisbogen in der y-x-Ebene auftragen. Bild 5.10 zeigt dies an einem
beliebig angenommenen Beispiel. Der Kreisbogen reicht von x_0 bis x_1,
wobei $\Delta x_1 = x_1 - x_0$ willkürlich angenommen ist; je kleiner Δx_1 gewählt
wird, desto genauer wird die Lösung. Aus

$$\Delta x_1 = \frac{1}{2}(y_1 + y_0) \cdot \Delta t_1 \qquad (5.23)$$

läßt sich der Zeitpunkt $t_1 = t_0 + \Delta t_1$ berechnen. Für den Punkt $x_1, y_1 = \dot{x}_1$
und t_1 wird δ_1 berechnet. So läßt sich der zweite Kreisbogen zeichnen,
der an den ersten anschließt. Stückweise entsteht der Funktionsverlauf
$y(x)$, an dem die Zeitachse als Parameter aufgetragen ist. $x(t)$ ist daraus als Lösung der nichtlinearen Differentialgleichung zu entnehmen.

5.3 Spezielle nichtlineare Differentialgleichungen

Einige spezielle Differentialgleichungen dienen der Darstellung bestimmter Aufgaben. Die stationäre Lösung erzwungener Schwingungen in einem
Schwingkreis wird über die "Duffingsche Differentialgleichung" bestimmt.
Schaltungen zur Erzeugung von Schwingungen werden von der "Van der Pol'
schen Differentialgleichung" oder der "Rayleighschen Differentialgleichung" beschrieben.

5.3.1 Duffingsche Differentialgleichung

Diese Gleichung ist von 2. Ordnung und enthält kein Dämpfungsglied $\dot{x}(t)$.
Sie lautet

$$\ddot{x} + x + \lambda x^3 = k \cdot \cos \omega t \quad . \qquad (5.24)$$

Die stationäre Lösung $x(t)$ dieser Gleichung kann nur eine periodische
Funktion mit der Kreisfrequenz ω sein. Neben ω werden auch Oberwellen
von ω auftreten. Wenn man sich auf die Grundwelle beschränkt, lautet
der Lösungsansatz.

$$x(t) = \hat{x} \cos \omega t \quad . \tag{5.25}$$

Setzt man diesen Ansatz in die Differentialgleichung ein, so erhält man
man

$$-\hat{x}\cdot\omega^2\cdot\cos\omega t + \hat{x}\cdot\cos\omega t + \frac{1}{4}\lambda\hat{x}^3\left(3\cos\omega t + \cos 3\omega t\right) = k\cdot\cos\omega t \quad . \tag{5.26}$$

Das ergibt für die Amplitude von $\cos \omega t$ die Gleichung

$$\hat{x}\left(1 + \frac{3}{4}\lambda\hat{x}^2 - \omega^2\right) = k \quad . \tag{5.27}$$

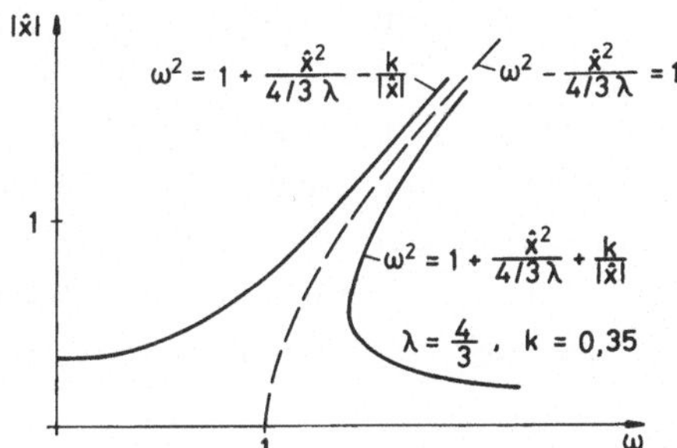

Bild 5.11 Lösung der Duffingschen
        Differentialgleichung

Bild 5.11 zeigt das Ergebnis, wenn man $|\hat{x}|$ als Funktion von ω für be-
stimmte Werte von k und λ aufträgt. Die beiden Äste der Funktion stehen
für positives bzw. negatives $\hat{x}$, d.h. x(t) springt beim Übergang von
einem zum anderen Ast um 180°. Das Ergebnis entspricht den überhängenden Resonanzkurven des Bildes 4.22 im Kap. 4.5. Das war auch zu erwarten. Denn die Duffingsche Differentialgleichung stellt einen Schwingkreis dar, der durch die aufgezwungene Schwingung mit der Kreisfrequenz
ω durchgestimmt wird. Da der Schwingkreis keine Dämpfung enthält, ist
die Resonanzamplitude, die allerdings wegen der Nichtlinearität über-
hängt, unendlich groß. Ergänzt man die Duffingsche Differentialgleichung
durch ein Dämpfungsglied $a\dot{x}$, dann entstehen Resonanzkurven wie im Bild
4.22, nur das dort die Kurven zu kleineren Werten von ω überhängen. Das
hängt aber nur von der Art der Nichtlinearität ab.

Das Glied $\frac{1}{4}\lambda\hat{x}^3\cdot\cos 3\omega t$ wurde vernachlässigt. Seine Berücksichtigung
hätte erfordert, daß der Lösungsansatz x(t) auch entsprechende Oberwel-
len enthält. Die Resonanzkurve wäre dann genauer geworden. Eine solche
Berücksichtigung entspricht einer anderen Ansteuerart. Derartige Probleme lassen sich aber über die Steuerkennlinie, wie in Kap. 4.5 dargestellt, leichter erfassen, als über eine Lösung der Duffingschen Differentialgleichung.

5.3.2 <u>Van der Pol'schen Differentialgleichung</u>

Auch diese Gleichung ist von 2. Ordnung und beschreibt einen Schwingkreis. Sie lautet

$$\ddot{x} - \varepsilon(1 - x^2)\dot{x} + x = 0 \tag{5.28}$$

Das nichtlineare Glied $-\varepsilon(1-x^2)\dot{x}$ zeigt an, daß der Schwingkreis durch
einen negativen Widerstand oder eine Rückkopplung über einen Verstärker
entdämpft wird. Diese Entdämpfung verschwindet allerdings bei $x = 1$
bzw. $1-x^2 = 0$. Durch die Nichtlinearität im entdämpfenden Glied entsteht so eine auf eine bestimmte Amplitude sich stabilisierende Schwingung. Die Gl. 5.28 ist daher die Differentialgleichung für Selbsterre-
gungsvorgänge, wie z.B. Oszillatoren. Dabei ist allerdings die Amplitu-
denstabilisierung durch das Glied $1-x^2$ nur eine von vielen Möglichkeiten der Amplitudenbegrenzung in einem Oszillator. Die Gl. 5.28 wird
grafisch mit der Methode der Phasenebene nach Kap. 5.2.2 gelöst. Die
Gleichung der Isoklinen lautet

$$y = \dot{x} = \frac{x}{\varepsilon(1 - x^2) - m} \tag{5.29}$$

mit $m = dy/dx$. In Bild 5.12 sind die Isoklinen für $\varepsilon = 0{,}2$ aufgetragen
und Lösungen $\dot{x} = f(x)$ für zwei beliebige Anfangsbedingungen eingetra-
gen. In beiden Fällen wird der sogenannte Grenzzyklus erreicht. Dieser
ist nahezu ein Kreis mit dem Radius $x = 2$. Wenn für $\dot{x} = f(x)$ ein Kreis
entsteht, dann ist das zugehörige $x(t)$ eine oberwellenfreie harmonische
Schwingung mit dem Radius als Amplitude. Der Grenzzyklus ist umso genauer ein Kreis mit dem Radius $x = 2$, je kleiner ε ist. Allerdings
dauert bei kleinem ε der Einschwingvorgang, bis der Grenzzyklus bzw.
die harmonische Schwingung erreicht ist, länger.

5.3.3 <u>Rayleighsche Differentialgleichung</u>

Die Differentialgleichung ist eng mit der van der Pol'schen Differentialgleichung verwandt. Sie lautet

$$\ddot{x} - \varepsilon(1 - \tfrac{1}{3}\cdot\dot{x}^2)\dot{x} + x = 0 \tag{5.30}$$

Das entdämpfende Glied erfährt hier eine Begrenzung durch $\dot{x}$. Bei kleinen Werten von ε entsteht wieder als Grenzzyklus ein angenäherter Kreis

mit dem Radius zwei wie in Bild 5.12. Bei großen Werten für ε entstehen
oberwellenreiche Schwingungen, wie z.B. Kippschwingungen, Rechteck-
schwingungen u.a.m.. Bild 5.13 zeigt die Isoklinen und Lösungen für einige Anfangsbedingungen bei dem Wert $\varepsilon = 5$. Der Grenzzyklus nähert sich
dabei einem Rechteck. Dem Rechteck entspricht als Lösung $x(t)$ ein Säge-
zahn, $\dot{x}(t)$ ist dann eine Rechteckschwingung.

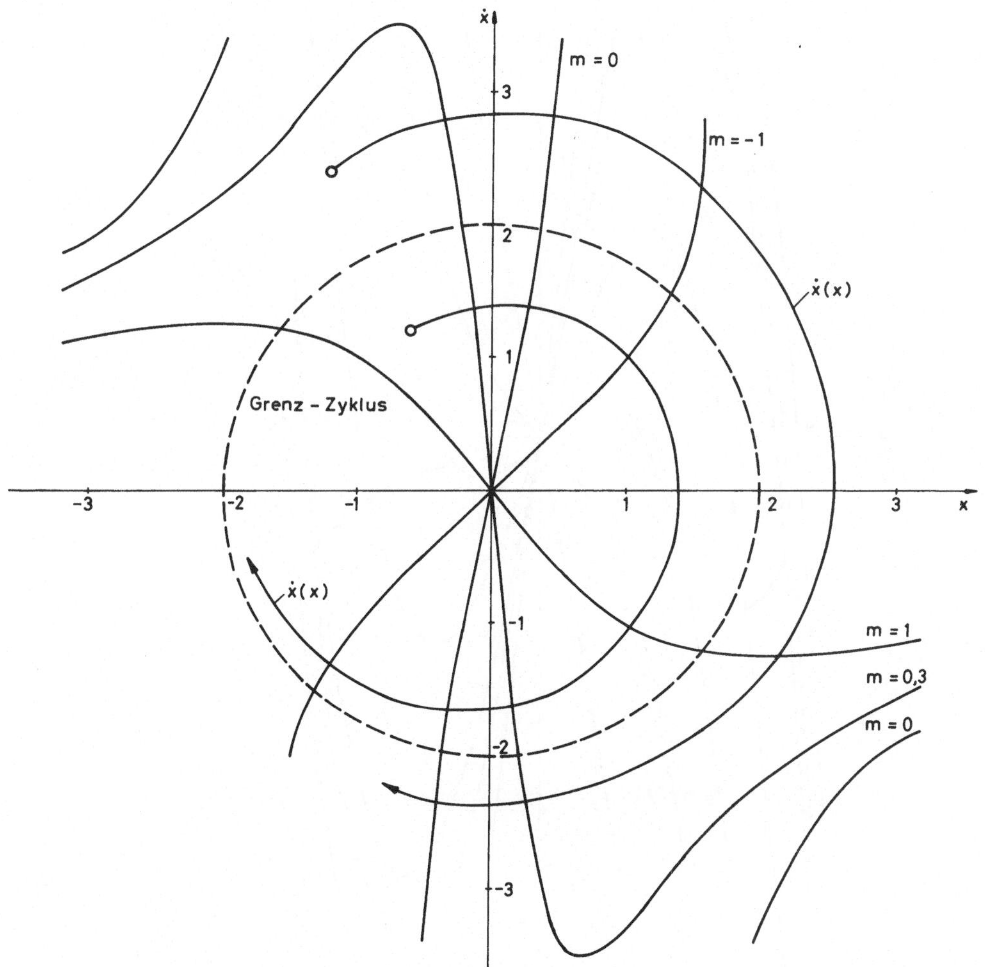

Bild 5.12 Darstellung der Van der Pol'schen Differentialgleichung
$\ddot{x} - 0{,}2(1 - x^2)\dot{x} + x = 0$ in der Phasenebene

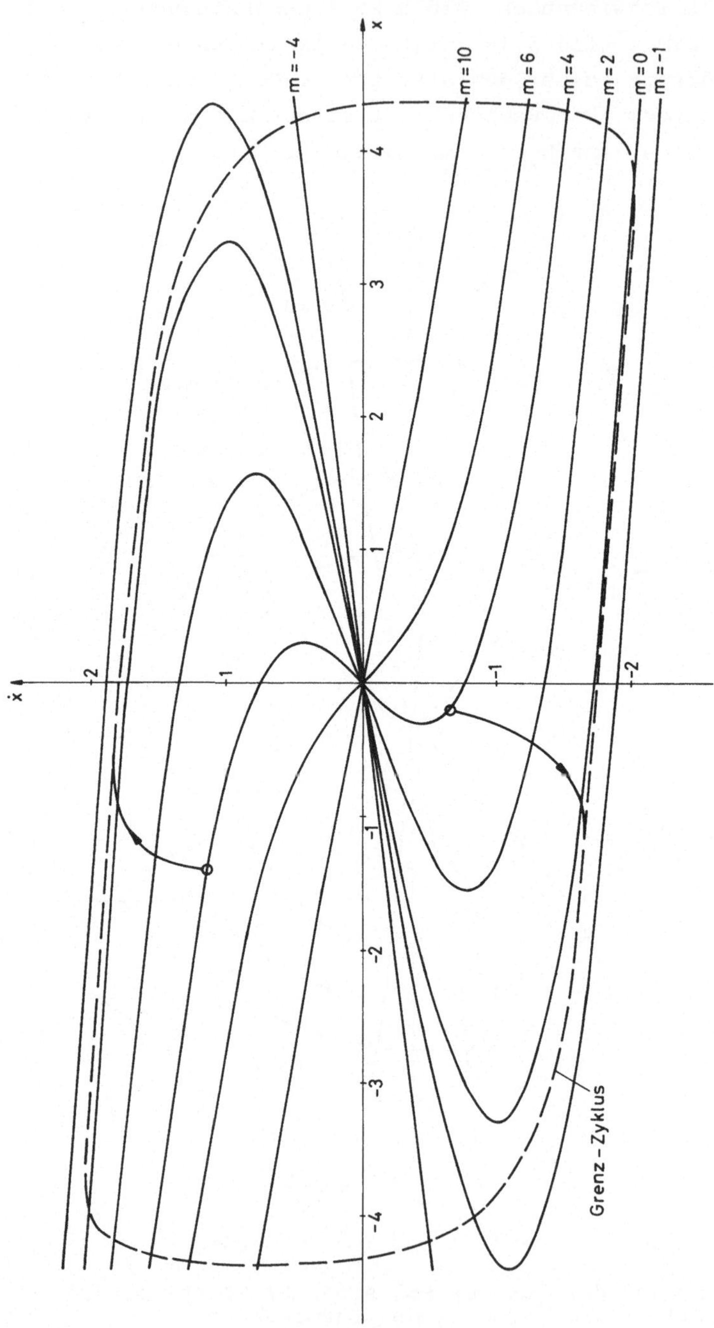

Bild 5.13 Darstellung der Rayleighschen Differentialgleichung $\ddot{x} - 5\left(1 - \frac{1}{3}\dot{x}^2\right)\dot{x} + x = 0$ in der Phasenebene

6 Systemtheorie rückwirkungsfreier Übertragungsglieder

In der Systemtheorie wird die Aufgabe gelöst, wie ein Übertragungsglied
an seinem Ausgang auf ein Signal antwortet, das auf seinen Eingang gegeben wird. In der linearen Systemtheorie wird das Übertragungsglied
durch eine Gewichtsfunktion beschrieben. Die Ausgangsfunktion entsteht
durch Faltung dieser Gewichtsfunktion mit der Eingangsfunktion. Die Gewichtsfunktion ist die Impulsantwortfunktion des Übertragungsgliedes.
Ihre Fouriertransformierte ist der Übertragungsfaktor. Das Übertragungsglied wird rückwirkungsfrei angenommen, d.h. der Abschlußwiderstand des
Übertragungsgliedes hat keinen Einfluß auf die Gewichtsfunktion bzw.
den Übertragungsfaktor.

Die lineare Systemtheorie läßt sich auf nichtlineare Übertragungsglie-
der erweitern. Ein nichtlineares Übertragungsglied wird durch mehrere
Gewichtsfunktionen beschrieben [7].

Ein gedächtnisfreies nichtlineares System läßt sich zwischen Eingang
x(t) und Ausgang y(t) durch eine Potenzreihe beschreiben. Es gilt

$$y(t) = a_1 x(t) + a_2 x^2(t) + a_3 x^3(t) + \ldots \tag{6.1}$$

Nichtlineare Übertragungssysteme verzerren die Signale. Diese Verzerrungen werden im allgemeinen klein gehalten, daher werden nur wenige
Glieder der Potenzreihe benötigt, um das nichtlineare System zu beschreiben. Neben dem linearen treten meistens nur das quadratische und
das kubische Glied auf.

Bei gedächtnisbehafteten Systemen werden die Faktoren a_n durch Gewichtsfunktionen w_n ersetzt. Die Amplituden der Gewichtsfunktionen kennzeichnen das Gedächtnis des Übertragungssystems. Um die Zeit τ zurückliegende
Werte des Eingangssignals werden mit der Amplitude w_n zur Zeit τ multi-
pliziert. Das Ausgangssignal ist das Integral aller Produkte über die
zu berücksichtigenden Zeiten τ. Welche Zeiten zu berücksichtigen sind,

bestimmt die Gedächtnislänge, das ist die Dauer der Gewichtsfunktion.
Dieser Vorgang entspricht der Faltung. Die Funktionalreihe von Volterra
erweitert diese Faltung auf nichtlineare Verknüpfungen. Damit lautet
das Ausgangssignal eines gedächtnisbehafteten nichtlinearen Übertragungsgliedes

$$y(t) = \int\limits_0^\infty w_1(\tau)x(t-\tau)d\tau + \int\limits_0^\infty \int\limits_0^\infty w_2(\tau_1,\tau_2)x(t-\tau_1)x(t-\tau_2)d\tau_1\,d\tau_2$$

$$+ \int\limits_0^\infty \int\limits_0^\infty \int\limits_0^\infty w_3(\tau_1,\tau_2,\tau_3)x(t-\tau_1)x(t-\tau_2)x(t-\tau_3)d\tau_1\,d\tau_2\,d\tau_3 + \ldots \tag{6.2}$$

Bei $w_1(t) = a_1\,\delta(t)$; $w_2(t_1,t_2) = a_2\,\delta(t_1)\,\delta(t_2)$;
$\qquad w_3(t_1,t_2,t_3) = a_3\,\delta(t_1)\,\delta(t_2)\,\delta(t_3)$

wird daraus

$$y(t) = a_1 x(t) + a_2 x^2(t) + a_3 x^3(t) + \ldots \tag{6.3}$$

also der gedächtnisfreie Fall. Für alle Gewichtsfunktionen $w_n(t_1,\ldots,t_n)$
gilt, daß sie aus Gründen der Kausalität nur für Zeiten $t_1,t_2,\ldots,t_n > 0$
ungleich Null sind.

Als Potenzsystem n-ter Ordnung bezeichnet man ein nichtlineares System,
bei dem nur die Gewichtsfunktion $w_n(t_1,\ldots,t_n)$ von Null verschieden ist.
So gilt z.B. für ein quadratisches System

$$y^{II}(t) = \int\limits_0^\infty \int\limits_0^\infty w_2(\tau_1,\tau_2)x(t-\tau_1)x(t-\tau_2)d\tau_1\,d\tau_2 \tag{6.4}$$

Das quadratische und das kubische Potenzsystem sollen im folgenden genauer untersucht werden.

6.1 Quadratisches Potenzsystem

Das quadratische Potenzsystem wird durch die Gewichtsfunktion $w_2(t_1,t_2)$
beschrieben. Zu $w_2(t_1,t_2)$ läßt sich auch durch zweidimensionale Fourier-
oder Laplacetransformation eine Übertragungsfunktion $W_2(\omega_1,\omega_2)$ bzw.
$W_2(p_1,p_2)$ angeben. Sowohl $w_2(t_1,t_2)$ wie $W_2(\omega_1,\omega_2)$ können an einem solchen System gemessen werden.

6.1.1 <u>Gewichtsfunktion des quadratischen Potenzsystems</u>

Die Gewichtsfunktion $w_2(t_1,t_2)$ läßt sich wie jede Funktion zweier unabhängiger Veränderlicher in einen symmetrischen Anteil w_{2s} und einen antisymmetrischen Anteil w_{2a} aufteilen. Es gilt

$$w_2(t_1,t_2) = w_{2s}(t_1,t_2) + w_{2a}(t_1,t_2) \qquad (6.5)$$

mit $w_{2s}(t_1,t_2) = w_{2s}(t_2,t_1)$ und $w_{2a}(t_1,t_2) = -w_{2a}(t_2,t_1)$, bzw.

$$w_{2s}(t_1,t_2) = \frac{1}{2}\left[w_2(t_1,t_2) + w_2(t_2,t_1)\right] \qquad (6.6)$$

$$w_{2a}(t_1,t_2) = \frac{1}{2}\left[w_2(t_1,t_2) - w_2(t_2,t_1)\right] . \qquad (6.7)$$

Aus diesem Grunde ist

$$\int_0^\infty \int_0^\infty w_{2a}(\tau_1,\tau_2) x(t-\tau_1) x(t-\tau_2) d\tau_1 \, d\tau_2 = 0 \qquad (6.8)$$

und alle meßbaren $w_2(t_1,t_2)$ sind symmetrische Funktionen. Besteht das Eingangssignal aus der Überlagerung zweier Signale

$$x(t) = x_1(t) + x_2(t) , \qquad (6.9)$$

dann ergibt sich am Ausgang

$$y^{II}(t) = \int_0^\infty \int_0^\infty w_2(\tau_1,\tau_2)\left[x_1(t-\tau_1) + x_2(t-\tau_1)\right]\left[x_1(t-\tau_2) + x_2(t-\tau_2)\right] d\tau_1 \, d\tau_2 \qquad (6.10)$$

Dieses Integral läßt sich aufteilen in

$$y_1^{II}(t) = \int_0^\infty \int_0^\infty w_2(\tau_1,\tau_2) x_1(t-\tau_1) x_1(t-\tau_2) d\tau_1 \, d\tau_2, \qquad (6.11)$$

$$y_2^{II}(t) = \int_0^\infty \int_0^\infty w_2(\tau_1,\tau_2) x_2(t-\tau_1) x_2(t-\tau_2) d\tau_1 \, d\tau_2 \qquad (6.12)$$

$$y_w^{II}(t) = \int_0^\infty \int_0^\infty w_2(\tau_1,\tau_2)\left[x_1(t-\tau_1) x_2(t-\tau_2) + x_1(t-\tau_2) x_2(t-\tau_1)\right] d\tau_1 \, d\tau_2 .$$

$$(6.13)$$

$y_1^{II}(t)$ ist das Ausgangssignal, das durch $x_1(t)$ hervorgerufen wird;
$y_2^{II}(t)$ ist das Ausgangssignal, das durch $x_2(t)$ hervorgerufen wird.
$y_w^{II}(t)$ ist ein Wechselwirkungsglied, das durch sein Auftreten zeigt,
daß der Überlagerungssatz nicht mehr gilt, sondern

$$y^{II}(t) = y_1^{II}(t) + y_2^{II}(t) + y_w^{II}(t) \ . \qquad\qquad (6.14)$$

Da $w_2(t_1,t_2)$ symmetrisch ist, folgt

$$y_w^{II}(t) = 2 \int\limits_0^\infty \int\limits_0^\infty w_2(\tau_1,\tau_2) x_1(t-\tau_1) x_2(t-\tau_2) d\tau_1 \, d\tau_2 \ . \qquad (6.15)$$

Für $x_1(t) = \delta(t)$ und $x_2(t) = \delta(t-T)$ ergibt sich

$$y_1^{II}(t) = w_2(t,t) \qquad\qquad (6.16)$$

$$y_2^{II}(t) = w_2(t-T,t-T) \qquad\qquad (6.17)$$

und

$$y_w^{II}(t) = 2 \cdot w_2(t,t-T) \qquad\qquad (6.18)$$

D.h. für das Eingangssignal

$$x(t) = \delta(t) + \delta(t-T) \qquad\qquad (6.19)$$

das aus zwei Impulsen besteht, läßt sich

$$w_2(t,t-T) = \frac{1}{2}\left[y^{II}(t) - y_1^{II}(t) - y_2^{II}(t)\right] \qquad\qquad (6.20)$$

bestimmen. Diese Funktion abhängig von der Zeit t ist die Schnittkurve
der Funktion $w_2(t_1,t_2)$ mit einer Ebene senkrecht auf der Koordinaten-
ebene t_1,t_2, die diese in der Linie $t_2 = t_1 - T$ schneidet. Bild 6.1
zeigt $w_2(t,t-T)$ für $T = 0$ und $T \lessgtr 0$. $w_2(t_1,t_2)$ ist, wie zu erwarten war,
eine symmetrische Funktion, da sich $w_2(t,t-T) = w_2(t,t+T)$ ergibt.
$w_2(t_1,t_2)$ läßt sich also, vergleichbar mit linearen Systemen, aus Im-
pulsantwortfunktionen bestimmen.

Als Beispiel soll die Gewichtsfunktion $w_2(t_1,t_2)$ für das gedächtnisbehaftete quadratische Potentsystem nach Bild 6.2 berechnet werden. Es

besteht hier aus einem linearen gedächtnisbehafteten System und einem
quadratischen gedächtnisfreien System. Für

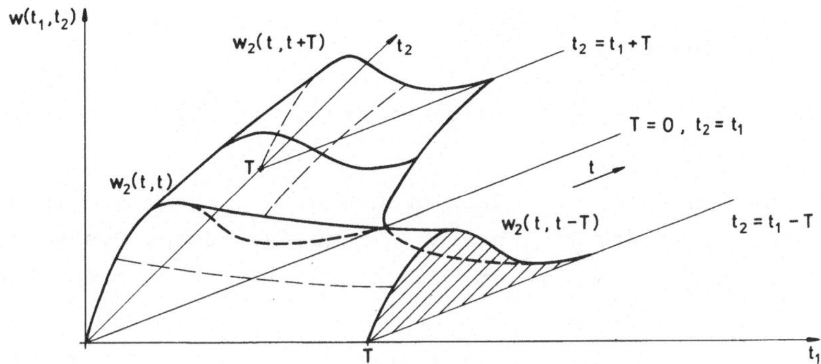

Bild 6.1 Gewichtsfunktion eines quadratischen Potenzsystems

Bild 6.2 Quadratisches Potenzsystem

$$x(t) = x_1(t) + x_2(t) \text{ mit } x_1(t) = \delta(t) \text{ und } x_2(t) = \delta(t-T) \tag{6.21}$$

ergibt sich wegen

$$z_1(t) = \frac{1}{T_O} \, \delta(t) \, \exp(-t/T_O) \, , \quad z_2(t) = \frac{1}{T_O} \, \delta(t-T) \, \exp\left[-(t-T)/T_O\right] \tag{6.22}$$

$$\text{und } z(t) = z_1(t) + z_2(t)$$

das Ausgangssignal

$$y^{II}(t) = \frac{1}{T_O{}^2}\left[\delta(t) \, \exp(-t/T_O) + \delta(t-T) \, \exp\left\{-(t-T)/T_O\right\}\right]^2$$

$$= \frac{1}{T_O{}^2}\left[\delta(t) \, \exp(-2t/T_O) + \delta(t-T) \, \exp\left\{-2(t-T)/T_O\right\} \right. \tag{6.23}$$

$$\left. + 2\delta(t-T) \, \exp\left\{-(2t-T)/T_O\right\}\right]$$

Die Funktion $y^{II}(t)$ enthält

$$w_2(t,t-T) = \frac{1}{T_O^2}\, \mathfrak{S}(t-T)\, \exp\left[-(2t-T)/T_O\right] \tag{6.24}$$

Daraus folgt

$$w_2(t_1,t_2) = \frac{1}{T_O^2}\, \mathfrak{S}(t_1)\,\mathfrak{S}(t_2)\cdot\exp\left[-(t_1+t_2)/T_O\right] \tag{6.25}$$

Kennt man $w_2(t_1,t_2)$, dann braucht man sich um die in Bild 6.2 angegebene Aufteilung in lineares und quadratisches System nicht mehr zu kümmern. Man kann $y^{II}(t)$ direkt aus $x(t)$ berechnen. Denn es gilt

$$\begin{aligned}
y^{II}(t) &= \frac{1}{T_O^2}\int_0^\infty\int_0^\infty \exp\left[-(\tau_1+\tau_2)/T_O\right]\cdot\left[\delta(t-\tau_1)+\delta(t-\tau_1-T)\right]\cdot\Big[\delta(t-\tau_2)\\
&\qquad\qquad\qquad\qquad\qquad\qquad\qquad + \delta(t-\tau_2-T)\Big]\,d\tau_1\,d\tau_2\\[2mm]
&= \frac{1}{T_O^2}\left\{\int_0^\infty \exp(-\tau_1/T_O)\,\delta(t-\tau_1)\,d\tau_1 + \int_0^\infty \exp(-\tau_1/T_O)\,\delta(t-\tau_1-T)\,d\tau_1\right\}\\[2mm]
&\quad\cdot\left\{\int_0^\infty \exp(-\tau_2/T_O)\,\delta(t-\tau_2)\,d\tau_2 + \int_0^\infty \exp(-\tau_2/T_O)\,\delta(t-\tau_2-T)\,d\tau_2\right\}
\end{aligned} \tag{6.26}$$

$$y^{II}(t) = \frac{1}{T_O^2}\left\{\mathfrak{S}(t)\exp(-t/T_O) + \mathfrak{S}(t-T)\exp\left[-(t-T)/T_O\right]\right\}^2 \tag{6.27}$$

$w_2(t_1,t_2)$, wie es Bild 6.3 zeigt, beschreibt also das gesamte System vollständig.

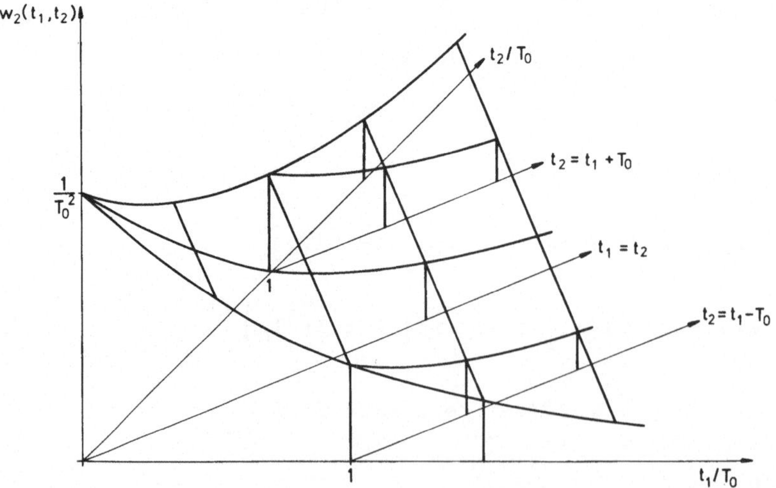

Bild 6.3 Gewichtsfunktion des quadratischen Potenzsystems nach Bild 6.2

6.1.2 <u>Übertragungsfunktion des quadratischen Potenzsystems</u>

Für die Gewichtsfunktion $w_2(t_1,t_2)$ läßt sich als Übertragungsfunktion
die zweidimensionale Laplace-Transformierte

$$W_2(p_1,p_2) = \int_0^\infty \int_0^\infty w_2(t_1,t_2)\exp\left[-(p_1 t_1+p_2 t_2)\right]dt_1\,dt_2 \qquad (6.28)$$

angegeben. Als abkürzende Schreibweise der Transformation soll

$$w_2(t_1,t_2) \quad \circ\!\!-\!\!-\!\!\bullet \quad W_2(p_1,p_2) \qquad (6.29)$$

benutzt werden. Für die Umkehrung gilt

$$w_2(t_1,t_2) = \frac{1}{(2\pi j)^2} \int_{x_1-j\infty}^{x_1+j\infty} \int_{x_2-j\infty}^{x_2+j\infty} W_2(p_1,p_2)\exp(p_1 t_1+p_2 t_2)dp_1\,dp_2 \qquad (6.30)$$

Für den gedächtnisfreien Fall

$$w_2(t_1,t_2) = a_2\,\delta(t_1)\,\delta(t_2) \qquad (6.31)$$

ergibt sich

$$W_2(p_1,p_2) = a_2 \qquad (6.32)$$

Bei $p_1 = j\omega_1$ und $p_2 = j\omega_2$ lassen sich für die Übertragungsfunktion
$W_2(\omega_1,\omega_2)$ folgende, auch in Bild 6.4 wiedergegebene Eigenschaften, nen-
nen:

Aus der Symmetrie von $w_2(t_1,t_2)$ folgt die Symmetrie

$$W_2(\omega_1,\omega_2) = W_2(\omega_2,\omega_1) \qquad (6.33)$$

Für reelles $w_2(t_1,t_2)$ gilt

$$W_2(-\omega_1,-\omega_2) = W_2^*(\omega_1,\omega_2) \qquad (6.34)$$

Daraus folgt weiterhin, daß auf der Geraden $\omega_2 = -\omega_1$ die Werte von W_2
reell sind und zur Geraden $\omega_2 = \omega_1$ symmetrisch sind. Die Kenntnis der
Werte von W_2 im Quadranten zwischen Haupt- und Nebendiagonale beschreibt
die Übertragungsfunktion vollständig.

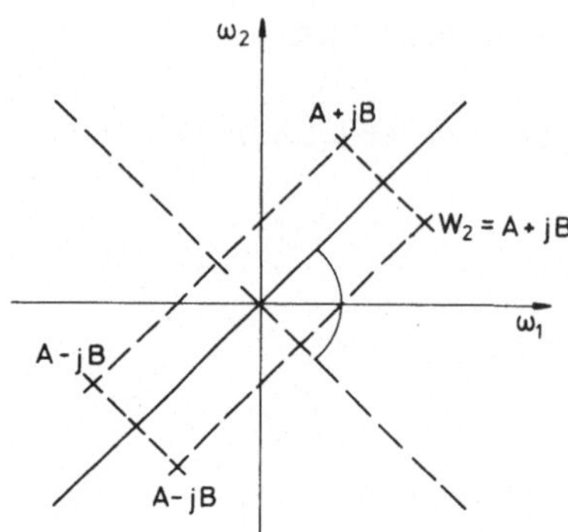

Bild 6.4 Übertragungsfunktion des
quadratischen Potenz-
systems

Für das Beispiel nach Bild 6.2 auf S.63 ergibt sich

$$W_2(\omega_1,\omega_2) = \frac{1}{T_O^2} \int_0^\infty \int_0^\infty \exp\left[-(t_1+t_2)/T_O\right]\exp\left[-j(\omega_1 t_1+\omega_2 t_2)\right] dt_1 \, dt_2 \qquad (6.35)$$

$$W_2(\omega_1,\omega_2) = \frac{1}{T_O^2} \int_0^\infty \exp(-t_1/T_O)\exp(-j\omega_1 t_1) dt_1 \cdot \int_0^\infty \exp(-t_2/T_O)\exp(-j\omega_2 t_2) dt_2$$

$$= \frac{1}{1 + j\omega_1 T_O} \cdot \frac{1}{1 + j\omega_2 T_O} \cdot \qquad (6.36)$$

Die Übertragungsfunktion $W_2(p_1,p_2)$ entspricht dem Übertragungsfaktor
eines linearen Systems. Dies erkennt man bei einer Eingangsfunktion

$$x(t) = \exp(p_1 t) + \exp(p_2 t) \; . \qquad (6.37)$$

Dann wird

$$y^{II}(t) = W_2(p_1,p_1)\exp(2p_1 t) + W_2(p_2,p_2)\exp(2p_2 t)$$
$$+ 2W_2(p_1,p_2)\exp(p_1+p_2)t \quad . \qquad (6.38)$$

Hier tritt W_2 auch als Faktor auf.

Noch deutlicher wird das an der Eingangsfunktion

$$x(t) = A_1\exp(j\omega_1 t) + A_1^*\exp(-j\omega_1 t) + A_2\exp(j\omega_2 t) + A_2^*\exp(-j\omega_2 t) \qquad (6.39)$$

Für diese gilt

$$y_1^{II}(t) = A_1^2\, W_2(\omega_1,\omega_1)\exp(2j\omega_1 t) + A_1^{*2}\, W_2^*(\omega_1,\omega_1)\exp(-2j\omega_1 t)$$
$$+ 2|A_1|^2\, W_2(\omega_1,-\omega_1) \quad , \qquad (6.40)$$

$$y_2^{II}(t) = A_2^2\, W_2(\omega_2,\omega_2)\exp(2j\omega_2 t) + A_2^{*2}\, W_2^*(\omega_2,\omega_2)\exp(-2j\omega_2 t)$$
$$+\ 2|A_2|^2\, W_2(\omega_2,-\omega_2)\ , \tag{6.41}$$

$$y_w^{II}(t) = 2A_1 A_2 \cdot W_2(\omega_1,\omega_2)\exp\left[j(\omega_1+\omega_2)t\right]$$
$$+\ 2A_1 A_2^* \cdot W_2(\omega_1,-\omega_2)\exp\left[j(\omega_1-\omega_2)t\right]$$
$$+\ 2A_1^* A_2 \cdot W_2^*(\omega_1,-\omega_2)\exp\left[-j(\omega_1-\omega_2)t\right] \tag{6.42}$$
$$+\ 2A_1^* A_2^* \cdot W_2^*(\omega_1,\omega_2)\exp\left[-j(\omega_1+\omega_2)t\right]$$

Man erkennt, daß in bekannter Weise bei quadratischen Systemen die doppelten sowie die Summen- und Differenzfrequenzen mit den zugehörigen Übertragungsfaktoren auftreten.

6.1.3 Messung der Übertragungsfunktion

Die Übertragungsfunktion $W_2(\omega_1,\omega_2)$ läßt sich aus der Gewichtsfunktion $w_2(t_1,t_2)$ berechnen. Diese läßt sich aber, wie in Kap. 6.1.1 dargestellt, mit Hilfe von Doppelpulsen mit dem veränderlichen Pulsabstand T messen.

$W_2(\omega_1,\omega_2)$ läßt sich aber auch direkt messen, indem zwei Schwingungen mit den Frequenzen ω_1 und ω_2 eingespeist werden. Am Ausgang treten die Frequenzen $2\omega_1$, $2\omega_2$, $\omega_1+\omega_2$, $\omega_1-\omega_2$ und Null auf. Diese Schwingungen haben Amplituden und Phasen, aus denen die Werte von $W_2(\omega_1,\omega_2)$ bestimmbar sind. So ergibt sich entsprechend der Gl. 6.39 für die meßbaren Eingangssignale $x_1(t) = 2|A_1|\cos(\omega_1 t+\alpha_1)$ und $x_2(t) = 2|A_2|\cos(\omega_2 t+\alpha_2)$ das Ausgangssignal bei den Frequenzen $\omega_1+\omega_2$ nach Gl. 6.42 zu

$$4|A_1||A_2||W_2(\omega_1,\omega_2)|\cdot\cos\left[(\omega_1+\omega_2)t + \alpha_1 + \alpha_2 + \varphi\right]\ .$$

Durch Division der Amplituden läßt sich $|W_2(\omega_1,\omega_2)|$ bestimmen und aus den Phasenlagen der beiden Eingangssignale zum Ausgangssignal der Winkel φ des Übertragungsfaktors $W_2(\omega_1,\omega_2)$. Dadurch werden die Werte von $W_2(\omega_1,\omega_2)$ im 1. und 3. Quadranten der ω_1,ω_2-Ebene erfaßt. Entsprechend ergibt das Ausgangssignal bei den Frequenzen $\omega_1-\omega_2$ die Werte im 2. und 4. Quadranten. Die Werte auf der Hauptdiagonalen liefern Ausgangssignale bei den Frequenzen $2\omega_1$ oder $2\omega_2$ und auf der Nebendiagonalen solche bei der Frequenz Null.

6.2 Kubisches Potenzsystem

Die Überlegungen zum quadratischen Potenzsystem lassen sich auf das kubische erweitern.

Die Gewichtsfunktion $w_3(t_1,t_2,t_3)$ ist symmetrisch, so daß t_1,t_2,t_3 beliebig vertauscht werden können.

Für das Ausgangssignal des kubischen Potenzsystems gilt

$$y^{III}(t) = \int_0^\infty \int_0^\infty \int_0^\infty w_3(\tau_1,\tau_2,\tau_3)x(t-\tau_1)x(t-\tau_2)x(t-\tau_3)d\tau_1\,d\tau_2\,d\tau_3 \qquad (6.43)$$

Wählt man als Eingangsfunktion $x(t) = x_1(t) + x_2(t) + x_3(t)$, so erhält man

$$y^{III}(t) = y_1^{III}(t) + y_2^{III}(t) + y_3^{III}(t) + y_{12}^{III}(t) + y_{13}^{III}(t)$$
$$+ y_{23}^{III}(t) + y_w^{III}(t) \qquad (6.44)$$

mit

$$y_i^{III}(t) = \int_0^\infty \int_0^\infty \int_0^\infty w_3(\tau_1,\tau_2,\tau_3)x_i(t-\tau_1)x_i(t-\tau_2)x_i(t-\tau_3)d\tau_1\,d\tau_2\,d\tau_3 \qquad (6.45)$$

$$y_{ik}^{III}(t) = 3\int_0^\infty \int_0^\infty \int_0^\infty w_3(\tau_1,\tau_2,\tau_3)x_i(t-\tau_1)x_i(t-\tau_2)x_k(t-\tau_3)d\tau_1\,d\tau_2\,d\tau_3$$
$$+ 3\int_0^\infty \int_0^\infty \int_0^\infty w_3(\tau_1,\tau_2,\tau_3)x_i(t-\tau_1)x_k(t-\tau_2)x_k(t-\tau_3)d\tau_1\,d\tau_2\,d\tau_3 \qquad (6.46)$$
$$i,k = 1,2,3$$

und

$$y_w^{III}(t) = 6\int_0^\infty \int_0^\infty \int_0^\infty w_3(\tau_1,\tau_2,\tau_3)x_1(t-\tau_1)x_2(t-\tau_2)x_3(t-\tau_3)d\tau_1\,d\tau_2\,d\tau_3 \;. \qquad (6.47)$$

Aus

$$x_1(t) = \delta(t),\quad x_2(t) = \delta(t-T_1)\quad \text{und}\quad x_3(t) = \delta(t-T_2) \qquad (6.48)$$

ergibt sich

$$y_w^{III}(t) = 6w_3(t,t-T_1,t-T_2) \qquad (6.49)$$

Dadurch läßt sich die Gewichtsfunktion $w_3(t_1,t_2,t_3)$ über Pulstripel mit den veränderlichen Abständen T_1 und T_2 aus Messungen bestimmen. Die Übertragungsfunktion $W_3(p_1,p_2,p_3)$ ergibt sich durch dreidimensionale Laplace-Transformation aus $w_3(t_1,t_2,t_3)$. Für $p_1 = j\omega_1$, $p_2 = j\omega_2$ und $p_3 = j\omega_3$ lautet die Übertragungsfunktion $W_3(\omega_1,\omega_2,\omega_3)$. Diese hat die entsprechenden Symmetrieeigenschaften wie $w_3(t_1,t_2,t_3)$, d.h. ω_1, ω_2 und ω_3 sind beliebig vertauschbar, ohne daß die Funktion W_3 ihren Wert ändert. Bei

$$x(t) = \exp(p_1 t) + \exp(p_2 t) + \exp(p_3 t) \tag{6.50}$$

erhält man

$$
\begin{aligned}
y^{III}(t) = \; & W_3(p_1,p_1,p_1)\exp(3p_1 t) + W_3(p_2,p_2,p_2)\exp(3p_2 t) \\[2mm]
& + W_3(p_3,p_3,p_3)\exp(3p_3 t) \\[2mm]
& + 3W_3(p_1,p_1,p_2)\exp(2p_1+p_2)t + 3W_3(p_1,p_2,p_2)\exp(p_1+2p_2)t \\[2mm]
& + 3W_3(p_1,p_1,p_3)\exp(2p_1+p_3)t + 3W_3(p_1,p_3,p_3)\exp(p_1+2p_3)t \\[2mm]
& + 3W_3(p_2,p_2,p_3)\exp(2p_2+p_3)t + 3W_3(p_2,p_3,p_3)\exp(p_2+2p_3)t \\[2mm]
& + 6W_3(p_1,p_2,p_3)\exp(p_1+p_2+p_3)t \tag{6.51}
\end{aligned}
$$

Daraus erkennt man, daß $W_3(\omega_1,\omega_2,\omega_3)$ bei Speisung des Systems mit den Schwingungen von drei Frequenzen selektiv aus den einzelnen am Ausgang entstehenden Teilschwingungen nach Betrag und Phase gemessen werden kann.

6.3 Berechnung des Ausgangssignals eines nichtlinearen Potenzsystems im Frequenzbereich

Für ein quadratisches Potenzsystem sei das Eingangssignal $x(t) \circ\!\!-\!\!\bullet X(p)$, wenn man es im Zeit- oder Frequenzbereich darstellt. Die Übertragungsfunktion lautet $W_2(p_1,p_2)$. Mit Hilfe der sogenannten Kontraktion kann man aus $X(p)$ und $W_2(p_1,p_2)$ das Ausgangssignal

$$Y(p) \;\bullet\!\!-\!\!-\!\!\circ\; y(t) \tag{6.52}$$

gewinnen.

Das zweidimensionale Faltungsintegral

$$\tilde{y}(t_1,t_2) = w_2(t_1,t_2)*\left[x(t_1)x(t_2)\right] = \int_0^\infty \int_0^\infty w_2(\tau_1,\tau_2)x(t_1-\tau_1)x(t_2-\tau_2)\,d\tau_1\,d\tau_2 \tag{6.53}$$

ergibt im Frequenzbereich

$$\tilde{y}(t_1,t_2) \;\circ\!\!-\!\!\bullet\; \tilde{Y}(p_1,p_2) = W_2(p_1,p_2)X(p_1)X(p_2)\;. \tag{6.54}$$

Nun gilt aber

$$\tilde{y}(t,t) = y(t) = \frac{1}{(2\pi j)^2} \int_{-j\infty}^{+j\infty} \int_{-j\infty}^{+j\infty} \tilde{Y}(p_1,p_2)\exp(p_1+p_2)t\,dp_1\,dp_2 \tag{6.55}$$

Setzt man darin $p_2 = s$ und $p_1 = p - s$, so erhält man

$$y(t) = \frac{1}{(2\pi j)^2} \int_{-j\infty}^{+j\infty} \int_{-j\infty}^{+j\infty} \tilde{Y}(p-s,s)\,ds\cdot\exp(pt)\,dp \tag{6.56}$$

und damit

$$Y(p) = \frac{1}{2\pi j} \int_{-j\infty}^{+j\infty} \tilde{Y}(p-s,s)\,ds\;. \tag{6.57}$$

Dieses Integral bezeichnet man als Kontraktion und schreibt abgekürzt:

$$Y(p) = K\left\{\tilde{Y}(p_1,p_2)\right\}\;. \tag{6.58}$$

Damit läßt sich das Ausgangssignal eines quadratischen Potenzsystems angeben zu

$$y(t) \;\circ\!\!-\!\!\bullet\; Y(p) = K\left\{W_2(p_1,p_2)X(p_1)X(p_2)\right\}\;. \tag{6.59}$$

Im Beispiel des Bildes 6.2 auf S.63 ist

$$W_2(p_1,p_2) = \frac{1}{(1+p_1T_0)\,(1+p_2T_0)} \tag{6.60}$$

und für den Doppelimpuls mit dem Pulsabstand T als Eingangssignal gilt

$$X(p) = 1 + \exp(-pT) \tag{6.61}$$

Dafür ergibt sich

$$Y(p) = \frac{1}{2\pi j} \int\limits_{-j\infty}^{+j\infty} \frac{\{1 + \exp[-(p-s)T]\}\cdot[1 + \exp(-sT)]}{[1 + (p-s)T_O][1 + sT_O]} \, ds \qquad (6.62)$$

Das ist das Faltungsintegral der Funktion

$$Z(p) = \frac{1 + \exp(-pT)}{1 + pT_O} \;\bullet\!\!-\!\!\circ\; \frac{1}{T_O}\left[\sigma(t)\exp\left(-\frac{t}{T_O}\right) + \sigma(t-T)\exp\left(-\frac{t-T}{T_O}\right)\right] = z(t) \qquad (6.63)$$

mit sich selbst, also

$$Y(p) = Z(p) * Z(p) \qquad (6.64)$$

Damit ist $y(t) = z^2(t)$, wie ja in Bild 6.2 zu sehen ist. Die Funktion
$Y(p)$ ergibt sich auch, wenn man das obige Bestimmungsintegral mit Hilfe des Residuensatzes der Funktionentheorie löst. Unterteilt man das
Integral entsprechend den Zählersummanden des Integranden, so ergibt
sich

$$\frac{1}{2\pi j} \int\limits_{-j\infty}^{+j\infty} \frac{ds}{[1 + (p-s)T_O](1 + sT_O)} = \frac{1}{2 + pT_O}\cdot\frac{1}{T_O}$$

$$\frac{1}{2\pi j} \int\limits_{-j\infty}^{+j\infty} \frac{\exp[-(p-s)T]}{[1 + (p-s)T_O](1 + sT_O)} \, ds = \frac{\exp\left[-\left(p+\frac{1}{T_O}\right)T\right]}{2 + pT_O}\cdot\frac{1}{T_O}$$

$$\frac{1}{2\pi j} \int\limits_{-j\infty}^{+j\infty} \frac{\exp(-sT)}{[1 + (p-s)T_O](1 + sT_O)} \, ds = \frac{\exp\left[-\left(p+\frac{1}{T_O}\right)T\right]}{2 + pT_O}\cdot\frac{1}{T_O} \qquad (6.65)$$

$$\frac{1}{2\pi j} \int\limits_{-j\infty}^{+j\infty} \frac{\exp(-pT)}{[1 + (p-s)T_O](1 + sT_O)} \, ds = \frac{\exp(-pT)}{2 + pT_O}\cdot\frac{1}{T_O}$$

und zusammengefaßt

$$Y(p) = \frac{1}{T_O}\cdot\frac{1}{2 + pT_O}\left\{1 + 2\exp\left[-\left(p+\frac{1}{T_O}\right)T\right] + \exp(-pT)\right\} \qquad (6.66)$$

Daraus ergibt sich

$$Y(p) \;\bullet\!\!-\!\!\circ\; y(t) = \frac{1}{T_O^2}\left\{\sigma(t)\,\exp(-2t/T_O) + 2\sigma(t-T)\exp\left[-(2t-T)/T_O\right]\right.$$
$$\left. + \sigma(t-T)\exp\left[-2(t-T)/T_O\right]\right\} \qquad (6.67)$$

was der bekannten Lösung entspricht.

Häufig enthalten die Kontraktionsintegranden einen Funktionsfaktor mit der Veränderlichensumme $p_1 + p_2$.

Dann gilt

$$K\left\{G(p_1+p_2)\cdot F(p_1,p_2)\right\} = G(p)\cdot K\left\{F(p_1,p_2)\right\} \tag{6.68}$$

Dieser Fall tritt bei Systemen mit der in Bild 6.5 gezeigten Struktur auf. Ein gedächtnisfreies quadratisches Potenzsystem hat davor und dahinter ein lineares gedächtnisbehaftetes System.

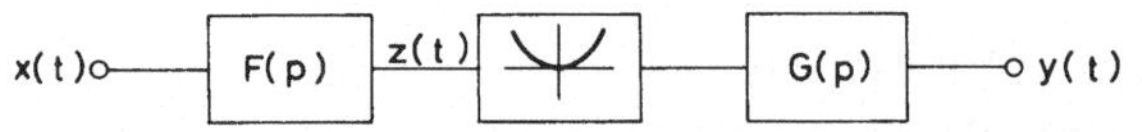

x(t)o————| F(p) |—z(t)—| Ψ |————| G(p) |————o y(t)

Bild 6.5 Gedächtnisbehaftetes quadratisches Potenzsystem

Für $x(t) = \exp(p_1 t) + \exp(p_2 t)$ ergibt sich

$$y^{II}(t) = F^2(p_1)\ G(2p_1)\ \exp(2p_1 t) + F^2(p_2)\ G(2p_2)\ \exp(2p_2 t)$$
$$+ 2F(p_1)\ F(p_2)\ G(p_1+p_2)\ \exp(p_1+p_2)t \tag{6.69}$$

Damit ist

$$W_2(p_1,p_2) = F(p_1)\ F(p_2)\ G(p_1+p_2) \tag{6.70}$$

und

$$Y(p) = K\left\{W_2(p_1,p_2)\ X(p_1)\ X(p_2)\right\} = G(p)\ K\left\{F(p_1)\ X(p_1)\ F(p_2)\ X(p_2)\right\} \tag{6.71}$$

Das verbleibende Kontraktionsintegral ist ein Faltungsintegral der Funktion $F(p)\cdot X(p)$ mit sich selbst. Dann ist

$$y(t) = g(t) * z^2(t) \tag{6.72}$$

wobei $g(t) \circ\!\!-\!\!\bullet G(p)$ und $z(t) \circ\!\!-\!\!\bullet F(p)\cdot X(p)$ gilt.

Für kubische Potenzsysteme können die entsprechenden Beziehungen angegeben werden. Es gilt

$$Y(p) = K\left\{W_3(p_1,p_2,p_3)\ X(p_1)\ X(p_2)\ X(p_3)\right\} \tag{6.73}$$

$$Y(p) = \frac{1}{(2\pi j)^2} \int\limits_{-j\infty}^{+j\infty} \int\limits_{-j\infty}^{+j\infty} W_3(p-s-r,s,r)\ X(p-s-r)\ X(s)\ X(r)\,ds\,dr \qquad (6.74)$$

Für ein kubisches System nach Bild 6.6 gilt

$$W_3(p_1,p_2,p_3) = F(p_1)\ F(p_2)\ F(p_3)\ G(p_1+p_2+p_3) \qquad (6.75)$$

und

$$Y(p) = G(p)\ K\left\{F(p_1)\ X(p_1)\ F(p_2)\ X(p_2)\ F(p_3)\ X(p_3)\right\} \qquad (6.76)$$

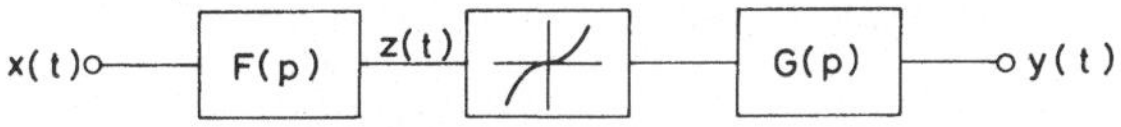

Bild 6.6 Gedächtnisbehaftetes kubisches Potenzsystem

Damit gilt wieder

$$y(t) = g(t) * z^3(t) \ . \qquad (6.77)$$

wobei $g(t) \circ\!\!-\!\!\bullet\ G(p)$ und $z(t) \circ\!\!-\!\!\bullet\ F(p) \cdot X(p)$ bedeutet.

6.4 Gedächtnisbehaftete Polynomsysteme

Ein gedächtnisfreies Polynomsystem wird zwischen Ausgang und Eingang durch die Gleichung

$$y(t) = a_1 x(t) + a_2 x^2(t) + a_3 x^3(t) + \dots \qquad (6.78)$$

beschrieben. Ein solches System läßt sich als Summe von Potenzsystemen darstellen, wie es in Bild 6.7 gezeigt wird. Dabei ist in diesem Bild die Nichtlinearität auf das quadratische und kubische Glied beschränkt.

Viele einfache gedächtnisbehaftete Systeme, die nur <u>ein</u> nichtlineares Bauelement, das auch ein nichtlineares Steuerelement sein kann, enthalten, lassen sich entsprechend als gedächtnisbehaftetes Polynomsystem darstellen (Bild 6.8).

Komplexere gedächtnisbehaftete Systeme lassen sich durch die Polynomsystemnachbildung, wie sie Bild 6.9 zeigt, darstellen. Hier sind die Faktoren a_n in den linearen Übertragungsfaktoren enthalten.

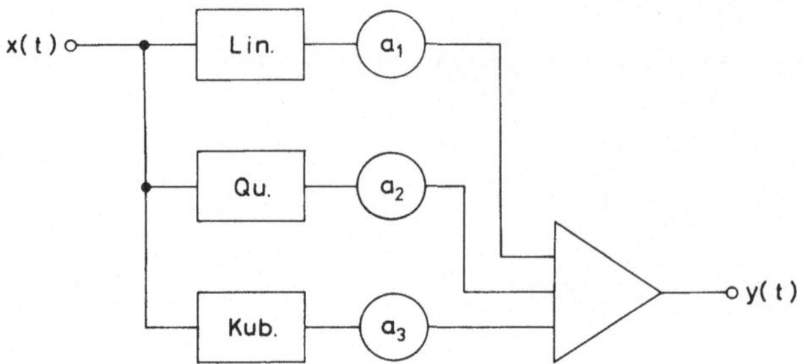

Bild 6.7 Gedächtnisfreies Polynomsystem

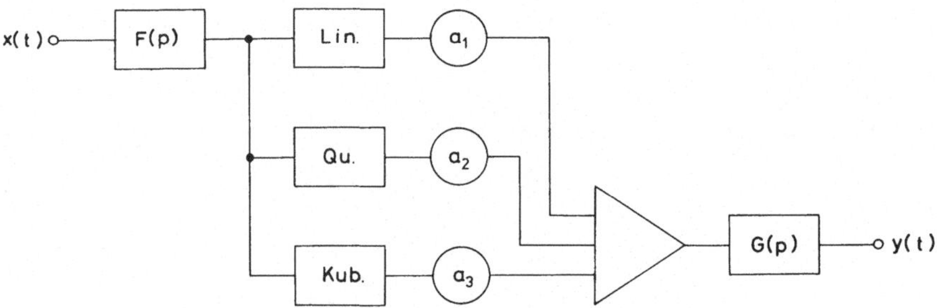

Bild 6.8 Gedächtnisbehaftetes Polynomsystem

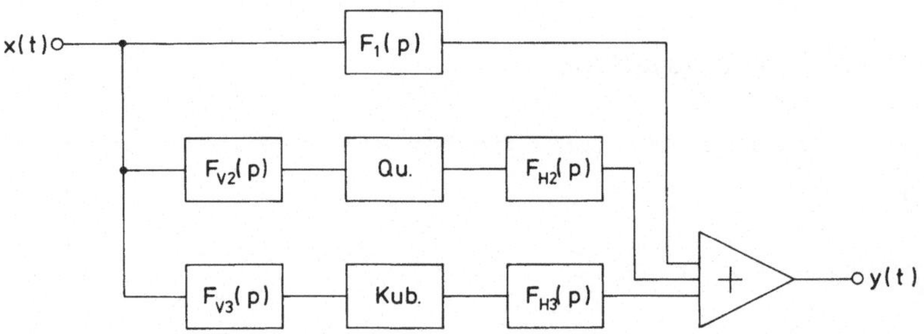

Bild 6.9 Polynomsystemnachbildung

Bei vorgegebenen nichtlinearen Systemen, deren innerer Aufbau unbekannt oder sehr komplex ist, lassen sich die Teilübertragungsfaktoren F_{V2}, F_{H2}, F_{V3} und F_{H3} durch Messungen bestimmen. Ein besonderes Problem ist dabei die Trennung der linearen Teilsysteme F_{V2} und F_{V3} vor der Nichtlinearität von den Teilsystemen F_{H2} und F_{H3} hinter der Nichtlinearität.

Bei dem gedächtnisbehafteten Polynomsystem nach Bild 6.8 läßt sich bei kleinen Amplituden eines sinusförmigen Eingangssignals x(t) mit veränderbarer Frequenz ω das Produkt $F(\omega) \cdot a_1 \cdot G(\omega)$ bestimmen. Die Auftrennung

$F(p)$ von $G(p)$ ist erst für die nichtlinearen Vorgänge wichtig. Speist man mit $x(t)$ die Frequenzen ω_1 und ω_2 bei hinreichend großer Amplitude ein, so erhält man in $y(t)$ unter anderem die Differenzfrequenz $\omega_1 - \omega_2$. Verändert man ω_1 und ω_2 so, daß $\omega_1 - \omega_2$ konstant bleibt, dann ist auch $G(\omega_1 - \omega_2)$ konstant und die Frequenzabhängigkeit des Differenzfrequenz-signals ist proportional

$$F(\omega_1) \cdot F^*(\omega_2) = |F(\omega_1)| \; |F(\omega_2)| \cdot \exp(j\varphi_1) \cdot \exp(-j\varphi_2) \; . \tag{6.79}$$

Wählt man $\omega_1 \approx \omega_2$ und ist $G(\omega_1 - \omega_2) \neq 0$, so gilt für $F(\omega) = |F(\omega)| \cdot \exp[j\varphi(\omega)]$

$$|F(\omega)| \approx \left| \sqrt{F(\omega_1) \cdot F^*(\omega_2)} \right| \; , \quad d\varphi/d\omega \approx (\varphi_1 - \varphi_2)/(\omega_1 - \omega_2) \; . \tag{6.80}$$

$F(p)$ läßt sich so in Betrag und Phase bis auf einen konstanten Faktor bestimmen. Damit ist in Bild 6.8 auch $G(p)$ aus dem vorher bei kleinen Amplituden gemessenen Produkt $F(p) \cdot a_1 \cdot G(p)$ bestimmbar. Anders sieht es bei dem System nach Bild 6.9 aus. Hier wird $F_{V2}(p)$ genauso nach Gl. 6.80 aus Messungen berechnet. Um anschließend die Frequenzabhängigkeit des Teilübertragungsfaktors $F_{H2}(p)$ bestimmen zu können, mißt man bei veränderlicher Frequenz ω_1 und bei fester Frequenz ω_2 oder umgekehrt. Dann ist die Frequenzabhängigkeit des Ausgangssignals bei der Differenzfrequenz $\omega_1 - \omega_2$, die sich jetzt mit ω_1 auch verändert, dem Wert

$$F_{V2}(\omega_1) \cdot F_{V2}^{\;*}(\omega_2) \cdot F_{H2}(\omega_1 - \omega_2) \tag{6.81}$$

proportional. Da $F_{V2}(\omega_1) \cdot F_{V2}^{\;*}(\omega_2)$ bis auf eine Konstante bekannt ist, läßt sich daraus $F_{H2}(\omega)$ bestimmen. Mit der Summenfrequenz $\omega_1 + \omega_2$ läßt sich das Gleiche erreichen.

Für das kubische Glied speist man mit $x(t)$ drei Frequenzen ein, die so gewählt und verändert werden, das einmal $F_{H3}(\omega)$ bei einer festen Frequenz konstant bleibt. Dann läßt sich bis auf einen Faktor der Teilübertragungsfaktor $F_{V3}(\omega)$ berechnen. Danach läßt sich bei anderen Frequenzkombinationen $F_{H3}(\omega)$ bestimmen. Diese Messungen sind für die nichtlinearen Glieder bei der Polynomsystemnachbildung nach Bild 6.9 notwendig, da hier im allgemeinen $F_{V2}(p) \neq F_{V3}(p)$ und $F_{H2}(p) \neq F_{H3}(p)$ sowie $F_1(p) \neq F_{V2}(p) \cdot F_{H2}(p)$ bzw. $F_1(p) \neq F_{V3}(p) \cdot F_{H3}(p)$ gelten, auch wenn man die Faktoren a_n, die in die Teilübertragungsfaktoren einbezogen sind, berücksichtigt. D.h. die Ungleichheitszeichen bedeuten, daß die Frequenzabhängigkeiten für die Teilübertragungsfaktoren unterschiedlich sein können.

6.5 Nichtlineare Systeme in zeitdiskreter Darstellung

Frequenzbandbegrenzte Signale können, wie aus der linearen Systemtheorie bekannt, abgetastet werden. In diesem Fall können auch die Gewichtsfunktionen $w_2(t_1,t_2)$, $w_3(t_1,t_2,t_3)$ usw. zeitdiskret in den auftretenden Veränderlichen t_1, t_2, t_3 usw. dargestellt werden. Das Ausgangssignal wird nicht durch Mehrfachintegrale, sondern durch Mehrfachsummen gebildet.

Ein quadratisches Potenzsystem läßt sich z.B. durch zwei Verzögerungsleitungen mit multiplikativer Verknüpfung der gespeicherten Signalwerte, Bewertung mit der Gewichtsfunktion und Summation aller gewichteten Produkte erzeugen. Bild 6.10 zeigt ein einfaches Beispiel.

Auf diese Weise lassen sich nichtlineare Polynomsysteme mit gewünschten Eigenschaften herstellen, die z.B. zur Korrektur nichtlinearer gedächtnisbehafteter Übertragungssysteme benutzt werden können.

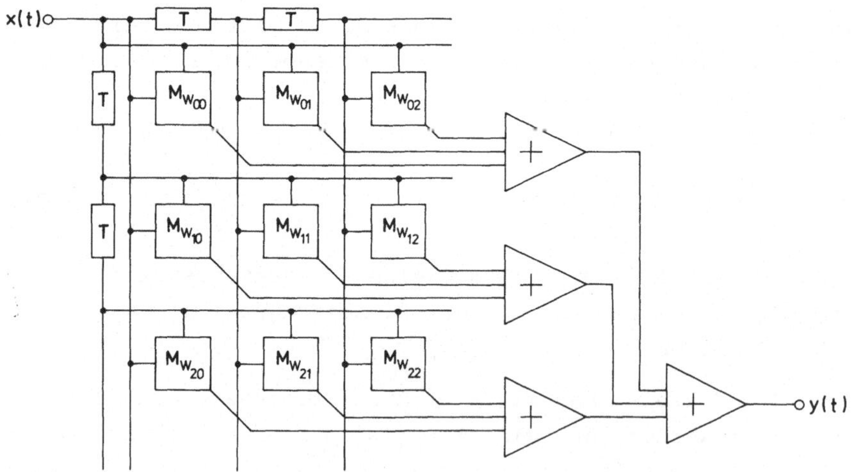

Bild 6.10 Zeitdiskretes quadratisches Potenzsystem
          M bedeutet Multiplikation der beiden Eingangsdaten,
          w_{ik} Gewichtung des Produkts $x(t-i \cdot T) \cdot x(t-k \cdot T)$ mit
          dem Wert der Gewichtsfunktion $w(i \cdot T, k \cdot T)$

7 Ansätze zu einer nichtlinearen Leitungstheorie

Die bekannten Aussagen der Leitungstheorie beruhen auf der Lösung einer linearen partiellen Differentialgleichung. Sie beschreiben den elektromagnetischen Zustand auf der Leitung und an ihrem Anfang und Ende durch Angaben über die ort- und zeitabhängigen Werte der Spannung und des Stromes. Sie leisten dies sowohl für die Einschwingvorgänge als auch für die stationären Zustände.

Für nichtlineare Leitungen, bei denen die Leitungsbelege R', L', C', oder G' von Spannung oder Strom auf der Leitung abhängig sind, sind nur wenige entsprechende Darstellungen verfügbar [6]. Einige Aussagen beschränken sich auf die Lösung bestimmter nichtlinearer partieller Differentialgleichungen. Diese Lösungen werden auch weniger auf Probleme der Leitungen als vielmehr auf Wellenausbreitung in Medien mit entsprechenden Eigenschaften angewandt. Derartige Darstellungen enthalten [8,9]. Diese sollen hier nicht wiederholt werden.

Dagegen soll eine einzelne, in der Anwendung häufiger auftretende Fragestellung behandelt werden. Lineare Leitungen werden vor allem in der digitalen Übertragungstechnik mit nichtlinearen Ein- oder Ausgangswiderständen abgeschlossen. Daher soll das Schaltverhalten verlustloser linearer Leitungen bei Abschluß mit nichtlinearen Wirkwiderständen betrachtet werden.

Aus der linearen Leitungstheorie ist das im Bild 7.1 dargestellte Verfahren zur Bestimmung der hin- und rücklaufenden Wellen auf einer verlustlosen Leitung bei Abschluß mit einem Wirkwiderstand R_E bekannt. Nach Schließen des Schalters S führen die Reflexionen von Spannung und Strom am Anfang und Ende der Leitung im Abstand der Laufzeit $\tau = 1/c$ (1 Leitungslänge, c Ausbreitungsgeschwindigkeit) zu den Endwerten U_E und I_E. R_i, Z und R_E kennzeichnen die Steigungen der Widerstandsgeraden. Dieses Verfahren ist auch verwendbar, wenn die Widerstände R_i und R_E nichtlineare Wirkwiderstände sind. Bild 7.2 zeigt ein Beispiel

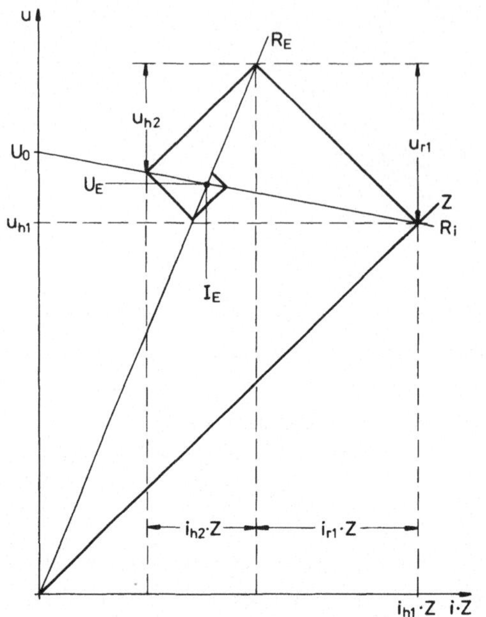

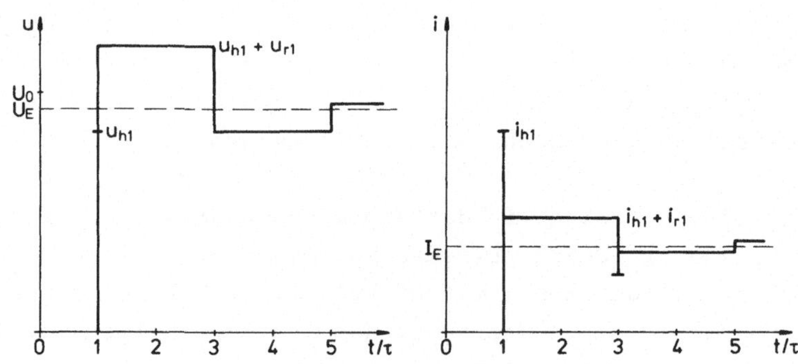

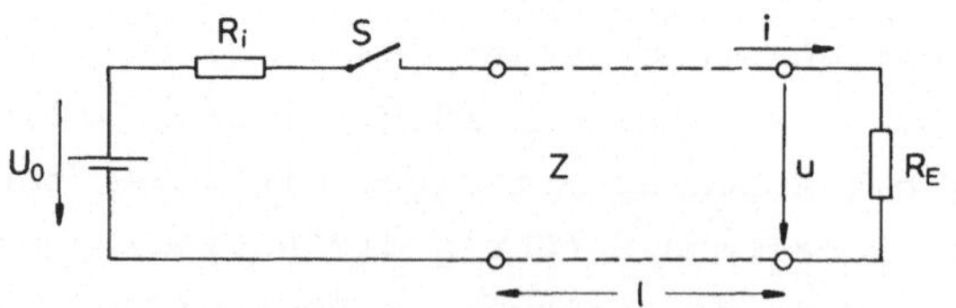

Bild 7.1 Schaltverhalten einer Leitung mit hin- und
　　　　　rücklaufenden Wellen

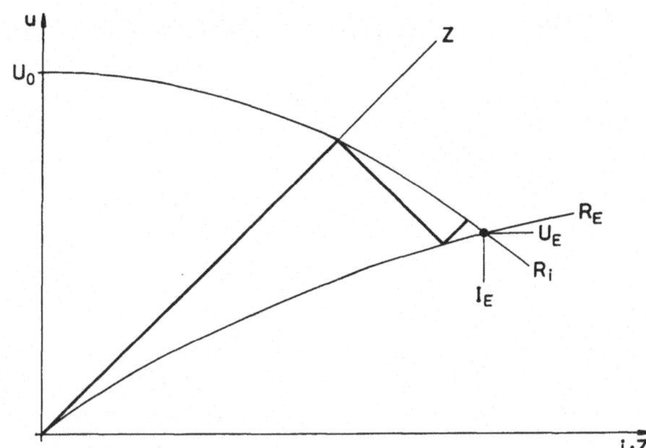

Bild 7.2 Schaltverhalten einer Leitung mit nichtlinearen
         Widerständen R_i und R_E

Eine Leitung, gespeist von einer Wechselspannung, die mit nichtlinearen
Wirkwiderständen oder Reaktanzen abgeschlossen ist, ist ein nichtlineares System und kann daher mit den Methoden des Kap. 6 behandelt werden,
wenn die Nichtlinearitäten nicht zu stark sind. Das gilt auch für eine
Leitung mit nichtlinearen Leitungsbelegen.

8 Ansätze zu einer nichtlinearen Vierpoltheorie

Die lineare Vierpoltheorie ist in ihrer Darstellung der linearen Leitungstheorie verwandt. Daher gibt es bisher, wie für Leitungen mit nichtlinearen Eigenschaften, keine entsprechenden Darstellungen für Vierpole mit nichtlinearen Eigenschaften.

Ein passiver Vierpol mit nichtlinearen Eigenschaften ist nur für die eingespeisten Frequenzen im allgemeinen passiv, aber für die im Vierpol infolge der Nichtlinearität neu entstehenden Frequenzen aktiv. Diese Grundtatsache läßt sich durch Hinzunahme von Generatoren oder negativen Widerständen in den Vierpol darstellen. Von beiden Möglichkeiten wird bei Anwendungen nichtlinearer Erscheinungen Gebrauch gemacht, um diese durch Vierpolersatzschaltbilder darstellen zu können. Die Kapitel 9.1 und 9.2 werden einiges darüber aussagen.

Eine Sonderstellung nehmen die schon in Kapitel 4.4.3 erwähnten parametrischen Schaltungen ein. Sie lassen sich im Ersatzschaltbild als lineare Vierpole oder Mehrpole darstellen. Die Nichtlinearität beschränkt sich darauf, daß die Größe der im Ersatzschaltbild auftretenden Bauelemente nur von der Amplitude der einen eingespeisten Frequenz (Pumpfrequenz) abhängt, die im Ersatzschaltbild nicht vorkommt. Die Amplituden der im Ersatzschaltbild auftretenden Frequenzen haben keinen Einfluß auf die Größen der Bauelemente, daher erscheinen diese im Ersatzschaltbild linear. Aber auch diese Vierpol-Ersatzschaltbilder enthalten als Folge der Nichtlinearität Generatoren und negative Widerstände. Diese Vierpol-Ersatzschaltbilder werden in Kapitel 9.3 behandelt.

Vierpole sind auch Steuerelemente mit Rückwirkung, vor allem, wenn die Rückwirkung als Gegenkopplung gewollt ist. Die nichtlinearen Eigenschaften solcher Schaltungen werden in [1,4] behandelt.

9 Anwendungen nichtlinearer Schaltungen

In diesem Kapitel soll gezeigt werden, wie nichtlineare Bauelemente zur
Erzeugung bestimmter Vorgänge benutzt und benötigt werden. Solche Vorgänge sind:

> Frequenzvervielfachung
>
> Frequenzteilung
>
> Frequenzumsetzung
>
> Modulation
>
> Demodulation
>
> Verstärkung
>
> Frequenzerzeugung
>
> Steuerung

Dabei sind die Anwendungsbeispiele nicht nach ihrer Bedeutung ausge-
wählt. Sondern an diesen Beispielen sollen mögliche Berechnungsmethoden
behandelt werden. Daher bestimmt die Darstellung der Methoden die Aus-
wahl der Beispiele. Es kommen auch recht unbedeutende Beispiele vor, an
denen aber bestimmte Methoden deutlich gemacht werden können.

Behandelt werden im folgenden die Frequenzvervielfachung, die Frequenzteilung, parametrische Schaltungen, Steuerung und Frequenzerzeugung.
Nicht behandelt werden die Modulation, die Demodulation und die Verstärkung, soweit diese nicht in den parametrischen Schaltungen enthalten sind. Über nichtlineare Erscheinungen in Verbindung mit Modulation
und Demodulation enthält [15] einiges über Modulationskennlinien bei
Amplitudenmodulation und Verzerrungen bei Frequenzmodulation. Frequenzerzeugung durch negative Widerstände wird umfassend in [3,14] betrachtet.
Nicht behandelt wird auch das breite Gebiet der magnetischen Verstärker,
die in [11] vollständig dargestellt sind.

9.1 Frequenzvervielfacher

In diesem Kapitel soll nicht die ganze Breite der Frequenzvervielfacher
dargestellt werden. Frequenzvervielfacher, die die Oberwellen mit nichtlinearen Wirkwiderständen, auch solche mit teilweise negativem diffe-
rentiellen Kennlinienteil erzeugen, werden nicht betrachtet. Solche
Vervielfacher haben zwar meist eine hohe Ausbeute an Oberwellen, da
Dioden als nichtlineare Widerstände einen ausgeprägten Kennlinienknick
besitzen. Aber der Vervielfachungswirkungsgrad ist gering, wie schon
in Kapitel 4.4.1 auf S.36 gezeigt wurde. Verwendet werden solche Vervielfacher allerdings sehr viel, da es oft nicht auf den Wirkungsgrad,
sondern auf einen hohen Vervielfachungsfaktor ankommt. Der schlechte
Wirkungsgrad kann durch nachfolgende Verstärkung ausgeglichen werden.

Besser im Wirkungsgrad sind Vervielfacher mit nichtlinearen Reaktanzen.
Sie haben nach Kapitel 4.4.2 bei hysteresefreien nichtlinearen Kennlinien den Wirkungsgrad 1. Eine Hysterese verschlechtert den Wirkungsgrad. Daher sind nichtlineare Induktivitäten nur für niedrige Frequenzen geeignet. Sie haben allerdings durch den Knick der Magnetisierungskennlinie bei Erreichen der Sättigung eine gute Oberwellenausbeute.
Unter Ausnutzung von Drehstrom- oder daraus ableitbaren Mehrstrompha-
sensystemen läßt sich die Trennung der Grundwelle von der gewünschten
Oberwelle leicht ohne Selektionsfilter erreichen [13].

Einen guten Wirkungsgrad, auch noch bei hohen Frequenzen, besitzen Vervielfacher mit nichtlinearen Kapazitäten, wenn hierfür Kapazitätsdioden
verwendet werden. Derartige Vervielfacher werden ausführlich in [10]
behandelt. Hier soll nur gezeigt werden, daß sich für solche Vervielfacher Ersatzschaltbilder angeben lassen, die das Verhalten des Vervielfachers beschreiben. Als Kennlinie der Kapazitätsdiode wird der Idealfall nach Bild 1.10 auf S.5 gewählt.

9.1.1 Frequenzverdoppler mit Kapazitätsdiode

Das Bild 9.1 zeigt die Prinzipschaltung des Verdopplers. Der Generator
speist über seinen Innenwiderstand R_i die Frequenz ω in den Verdoppler
ein. Am Lastwiderstand R_L steht die Leistung der doppelten Frequenz 2ω
zur Verfügung. Der Blindwiderstand jX_1 soll verhindern, daß Strom der
Frequenz 2ω zum Generator fließt. Der Blindwiderstand jX_2 soll verhindern, daß Strom der Frequenz ω zum Lastwiderstand fließt. Diese Reak-

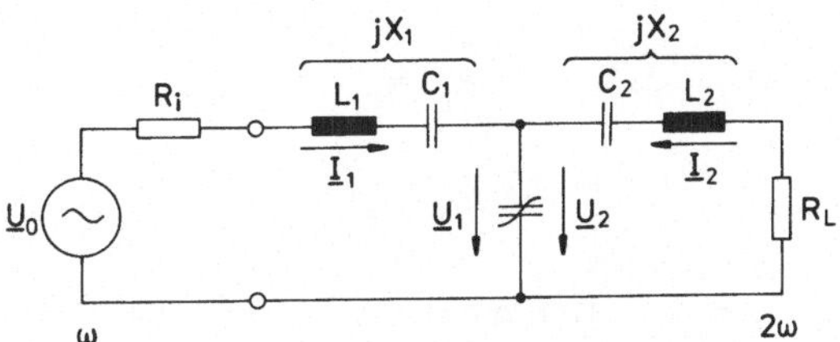

Bild 9.1 Prinzipschaltbild
        eines Verdopplers

tanzen sind verlustlos angenommen, genauso auch die Kapazitätsdiode. Die
Reaktanzen sollen nur die gewünschten Frequenzen durchlassen, d.h. aber
die Ansteuerart für die Kapazitätsdiode ist Stromansteuerung. Dann gilt
für die Ladung auf der Kapazitätsdiode

$$q(t) = q_0 + \hat{q}_1 \cos(\omega t + \varphi_1) + \hat{q}_2 \cos(2\omega t + \varphi_2) \ . \tag{9.1}$$

Dafür kann man auch schreiben

$$q(t) = \sum_v \underline{Q}_v \exp(jv\omega t) \quad \text{mit} \quad v = -2,-1,0,1,2 \tag{9.2}$$

und $\underline{Q}_v = \frac{1}{2} \cdot \hat{q}_{|v|} \exp(j\varphi_v)$, $\underline{Q}_{-v} = \underline{Q}_v^*$, $\underline{Q}_0 = q_0$.

Setzt man $q(t)$ in die Gleichung der nichtlinearen Kennlinie

$$U = \frac{1}{C_0} \left(Q - \frac{Q^2}{4C_0\varphi} \right) \tag{9.3}$$

ein, und teilt die entstehende Beziehung nach Frequenzen auf, so erhält
man die Spannungen an der Kapazitätsdiode für die Frequenzen ω und 2ω

$$\underline{U}_1 = S_D \cdot \underline{Q}_1 - \frac{1}{2C_0^2\varphi} \underline{Q}_2 \cdot \underline{Q}_1^* \qquad\qquad \underline{U}_{-1} = \underline{U}_1^* \tag{9.4}$$

$$\underline{U}_2 = S_D \cdot \underline{Q}_2 - \frac{1}{4C_0^2\varphi} \underline{Q}_1^2 \qquad\qquad \underline{U}_{-2} = \underline{U}_2^* \tag{9.5}$$

Auf die Beziehung für U_0 kann hier verzichtet werden, da sie nur für
die Bestimmung des Arbeitspunktes wichtig ist. Die Elastanz S_D ergibt
sich als Abkürzung zu

$$S_D = \frac{1}{C_0} - \frac{q_0}{2C_0^2\varphi} \tag{9.6}$$

Weiterhin gilt wegen $i(t) = dq/dt$

$$\underline{I}_1 = j\omega\underline{Q}_1 \quad \text{und} \quad \underline{I}_2 = j2\omega\underline{Q}_2 \ . \tag{9.7}$$

Bei $\underline{I}_2 = 0$, d.h. $\underline{Q}_2 = 0$ ergibt der Verdoppler eine Leerlaufspannung am Ausgang, die bei $R_L = \infty$ auftritt. Diese beträgt

$$\underline{U}_{2L} = -\frac{1}{4C_O{}^2\varphi}\,\underline{Q}_1{}^2 \tag{9.8}$$

$\underline{U}_{2L}$ ist die Generatorspannung im Vierpolersatzschaltbild des Verdopplers für die neu entstehende Frequenz 2ω. Dieser Generator hat $C_D = 1/S_D$ als Innenwiderstand, wie aus Gleichung 9.5 zu ersehen ist.

Schließt man diesen Generator mit den Widerständen ab, die vom Strom $\underline{I}_2$ durchflossen werden, so ergibt sich

$$\underline{U}_{2L} = -\left(\frac{1}{j2\omega C_D} + jX_2 + R_L\right)\underline{I}_2 \quad . \tag{9.9}$$

Mit Gl. 9.9 kann man in Gl. 9.4 mit Hilfe von Gl. 9.7 und Gl. 9.8 die Ladung $\underline{Q}_2$ eliminieren und erhält

$$\underline{U}_1 = S_D\cdot\underline{Q}_1 - \frac{1}{2C_O{}^2\varphi}\cdot\frac{1}{j2\omega}\cdot\frac{1}{\frac{1}{j2\omega C_D} + jX_2 + R_L}\cdot\frac{1}{4C_O{}^2\varphi}\,\underline{Q}_1{}^2\cdot\underline{Q}_1{}^* \tag{9.10}$$

$$\underline{U}_1 = \left(\frac{1}{j\omega C_D} + \frac{\hat{q}_1{}^2}{64\cdot\omega^2 C_O{}^4\varphi^2}\cdot\frac{1}{\frac{1}{j2\omega C_D} + jX_2 + R_L}\right)\underline{I}_1$$

Mit dem Widerstand

$$\underline{Z}_2{}' = \frac{\hat{q}_1{}^2}{64\cdot\omega^2 C_O{}^4\varphi^2}\cdot\frac{1}{\frac{1}{j2\omega C_D} + jX_2 + R_L} \tag{9.11}$$

ergibt sich

$$\underline{U}_1 = \left(\frac{1}{j\omega C_D} + \underline{Z}_2{}'\right)\underline{I}_1 \quad . \tag{9.12}$$

Gl. 9.12 stellt den Eingangsteil des Vierpolersatzschaltbildes des Verdopplers dar. Der Widerstand $\underline{Z}_2{}'$ gibt die Belastung des Generators $\underline{U}_{2L}$ wieder, die ja in der Frequenz ω aufgebracht werden muß. Bild 9.2 zeigt das Vierpolersatzschaltbild zusammen mit den übrigen Teilen des Verdopplers nach Bild 9.1. Die Elemente C_D und $\underline{Z}_2{}'$ des Ersatzschaltbildes sind nichtlinear, da ihre Größe von den durchfließenden Strömen abhängt zumal auch q_O von $\underline{I}_1$ und $\underline{I}_2$ abhängt.

Mit Hilfe des Ersatzschaltbildes läßt sich das Verhalten des Verdopplers in Verbindung mit der äußeren Schaltung besser durchschauen. Z.B. lassen der Widerstand jX_1 Strom der Frequenz 2ω und jX_2 Strom der Frequenz ω durchfließen. Dann erhält man die Ersatzschaltung nach Bild 9.3.

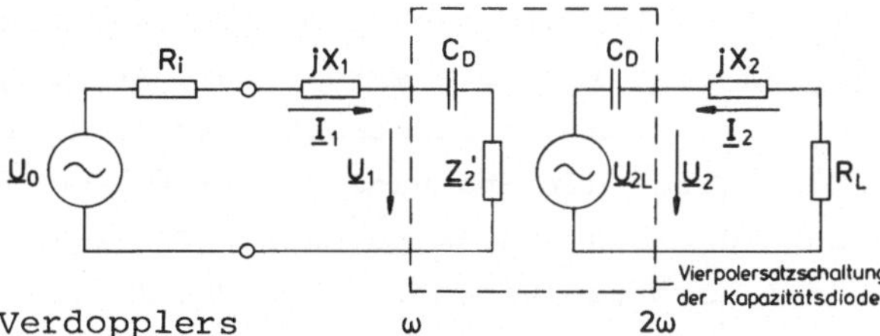

Bild 9.2 Ersatzschaltung des Verdopplers

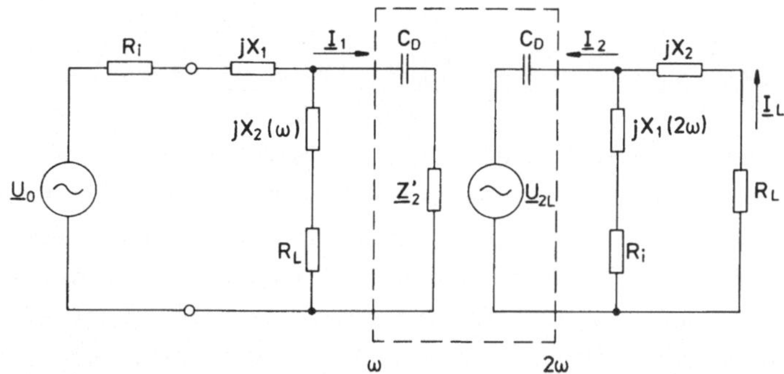

Bild 9.3 Ersatzschaltung des Verdopplers mit Verkopplung der Kreise

Die Ströme der Frequenz ω durch den Widerstand R_L und der Frequenz 2ω
durch R_i sind Verluste, die den Wirkungsgrad zwischen der Nutzleistung
an R_L und der vom Generator mit der Frequenz ω eingespeisten Leistung
verschlechtern.

Der Verdoppler wird sinnvollerweise in abgestimmtem Zustand betrieben.
Das bedeutet, wie am Ersatzschaltbild Bild 9.2 zu erkennen ist, daß

$$jX_2 + \frac{1}{2j\omega C_D} = 0 \qquad \text{und} \qquad jX_1 + \frac{1}{j\omega C_D} = 0$$

sind. Dann ist $\underline{Z}_2{}'$ ein reeller Widerstand. Die am Lastwiderstand R_L ab-
gegebene Leistung beträgt

$$P_2 = 2|\underline{U}_{2L}|^2/R_L = 2\,\frac{1}{16 \cdot C_O{}^4 \varphi^2} \cdot \frac{1}{16}\,\hat{q}_1{}^4\,\frac{1}{R_L} \qquad (9.13)$$

und die vom Generator zugeführte Leistung

$$P_1 = 2|\underline{I}_1|^2\,\underline{Z}_2{}' = 2\,\omega^2\,\frac{1}{4}\,\hat{q}_1{}^2\,\frac{\hat{q}_1{}^2}{64 \cdot \omega^2 C_O{}^4 \varphi^2 \cdot R_L} \qquad (9.14)$$

Man erkennt, daß sich

$$P_1 = P_2 = \frac{\hat{q}_1{}^4}{128 \cdot C_O{}^4 \varphi^2 \cdot R_L} \qquad (9.15)$$

ergibt, daß also wie nach Kapitel 4.4.2 erwartet, im Idealfall der Wirkungsgrad eins ist. Die erreichbare Ausgangsleistung hängt sehr stark
von $\hat{q}_1$, d.h. von der Aussteuerbarkeit der Kapazitätsdiode ab, die durch
die Grenzwerte der Spannung an der Diode, die höchstzulässige negative
Spannung und das Kontaktpotential φ, gegeben ist. Allerdings muß dabei
auch die Aussteuerung der Diode durch $\hat{q}_2$ mitberücksichtigt werden, die
von der Größe des Widerstandes R_L abhängt.

9.1.2 Frequenzverdreifacher mit Kapazitätsdiode

Das Bild 9.4 zeigt die Prinzipschaltung des Verdreifachers. Mit der angenommenen idealen quadratischen Kennlinie der Kapazitätsdiode ist keine unmittelbare Verdreifachung möglich, da $(\cos\omega t + \cos 3\omega t)^2$ keine Leistungsverkopplung zwischen dem Lastkreis bei der Frequenz 3ω und dem
Generatorkreis bei der Frequenz ω ergibt. Erst ein Hilfskreis bei der
Frequenz 2ω ermöglicht eine Frequenzumsetzung

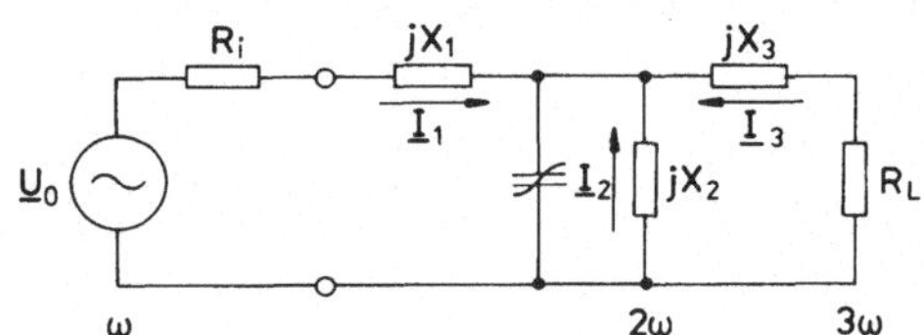

Bild 9.4 Verdreifacher
         mit Hilfskreis

von ω über 2ω nach 3ω. Der Hilfskreis soll natürlich keine Leistung verbrauchen. Die Blindwiderstände jX_1, jX_2 und jX_3 werden daher als verlustlos angenommen. Dann gilt für Stromansteuerung in der Kapazitätsdiode

$$q(t) = \sum_{v} \underline{Q}_v \exp(jv\omega t) \quad \text{mit} \quad v = -3,-2,-1,0,1,2,3 \; . \tag{9.16}$$

Einsetzen in die Gleichung der nichtlinearen Kennlinie Gl. 9.3 ergibt

$$\underline{U}_1 = S_D \cdot \underline{Q}_1 - \frac{1}{2C_O^2\varphi} (\underline{Q}_2 \cdot \underline{Q}_1^* + \underline{Q}_3 \cdot \underline{Q}_2^*) \; , \tag{9.17}$$

$$\underline{U}_2 = S_D \cdot \underline{Q}_2 - \frac{1}{4C_O^2\varphi} (\underline{Q}_1^2 + 2 \cdot \underline{Q}_3 \cdot \underline{Q}_1^*) \; , \tag{9.18}$$

$$\underline{U}_3 = S_D \cdot \underline{Q}_3 - \frac{1}{2C_O^2\varphi} \underline{Q}_1 \cdot \underline{Q}_2 \tag{9.19}$$

für die Spannungen bei den Frequenzen ω, 2ω und 3ω an der Kapazitätsdiode. Unter der Annahme, daß die Blindwiderstände jX_1, jX_2 und jX_3 außer

dem Strom der gewünschten Frequenz alle anderen Ströme sperren, gilt
für die Leerlaufspannungen der neu im nichtlinearen Bauelement entstehenden Frequenzen

$$\underline{U}_{3L} = -\frac{1}{2C_O{}^2\varphi}\,\underline{Q}_1\cdot\underline{Q}_2 = -\left(\frac{1}{j3\omega C_D} + jX_3 + R_L\right)\underline{I}_3 \tag{9.20}$$

$$\underline{U}_{2L} = -\frac{1}{4C_O{}^2\varphi}\,\underline{Q}_1{}^2 = -\left(\frac{1}{j2\omega C_D} + jX_2 + \underline{Z}_3{}'\right)\underline{I}_2 \tag{9.21}$$

mit

$$\underline{Z}_3{}' = \frac{\hat{q}_1{}^2}{96\cdot\omega^2 C_O{}^4\varphi^2}\cdot\frac{1}{\dfrac{1}{j3\omega C_D} + jX_3 + R_L}\quad. \tag{9.22}$$

Die Größen S_D bzw. $C_D = 1/S_D$ haben dieselbe Bedeutung wie in Gl. 9.6.
Einsetzen der Gl. 9.20 und 9.21 in die Gl. 9.17 ergibt

$$\underline{U}_1 = \left(\frac{1}{j\omega C_D} + \underline{Z}_2{}' + \underline{Z}_3{}''\right)\underline{I}_1 \tag{9.23}$$

mit

$$\underline{Z}_2{}' = \frac{\hat{q}_1{}^2}{64\cdot\omega^2 C_O{}^4\varphi^2}\cdot\frac{1}{\dfrac{1}{j2\omega C_D} + jX_2 + \underline{Z}_3{}'} \tag{9.24}$$

und

$$\underline{Z}_3{}'' = \frac{\hat{q}_2{}^2}{48\cdot\omega^2 C_O{}^4\varphi^2}\cdot\frac{1}{\dfrac{1}{j3\omega C_D} + jX_3 + R_L}\quad. \tag{9.25}$$

Bild 9.5 stellt diese Ergebnisse im Ersatzschaltbild dar. Wenn alle
Kreise auf ihre Frequenz abgestimmt sind, wird der Strom $\underline{I}_2$ im Hilfs-

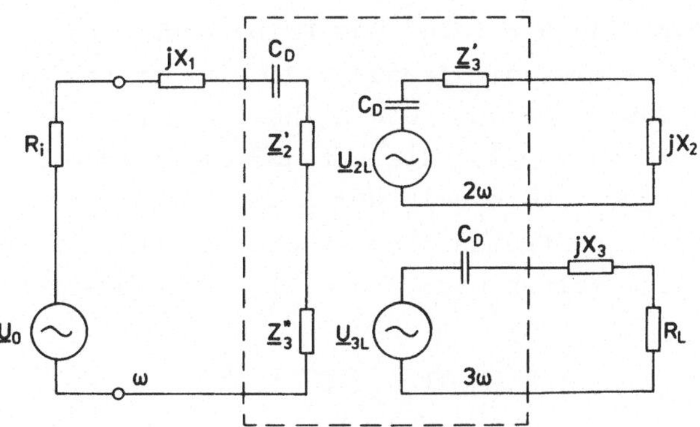

**Bild 9.5 Ersatzschaltung
     des Verdreifachers**

kreis nur vom Lastwiderstand R_L bestimmt. Der Wirkungsgrad ist auch hier im Idealfall eins. Dieser Wert wird aber vermindert durch die Verluste in den Blindwiderständen und die unerwünschten Ströme, die durch die Widerstände R_L und R_i fließen, ähnlich wie in Bild 9.3.

Hilfskreise treten nicht nur erwünscht, sondern auch unerwünscht auf. So lassen z.B. beim Verdoppler die Blindwiderstände Ströme der Frequenz 3ω oder beim Verdreifacher der Frequenz 4ω oder noch höhere Vielfache fließen. Diese erzeugen wiederum Verluste in den Nutz- und Verlustwirkwiderständen.

An den Ersatzschaltbildern Bild 9.2 und Bild 9.5 erkennt man das Grundprinzip der Aufteilung der Schaltung auf die vorkommenden Frequenzen, bei denen Leistungsumsatz auftritt, wieder, wie es in Kapitel 4.3 dargestellt wurde.

9.2 Frequenzteiler

Frequenzteilung kann als Umkehrung der Frequenzvervielfachung beschrieben werden. Auf diesem Wege gelingt unmittelbar nur die Frequenzhalbierung. Diese wird für eine Schaltung mit nichtlinearer Kapazität, genannt Parametron, und mit nichtlinearer Induktivität, wegen der dabei aufzeigbaren methodischen Möglichkeiten, dargestellt. Wie eine Frequenzdrittelung arbeiten könnte, wird an einer nichtlinearen Induktivität gezeigt. Die Verknüpfung von Speichereigenschaft und Nichtlinearität eines Blindwiderstandes ermöglichen auch höhere Teilungsfaktoren als zwei.

9.2.1 <u>Parametron</u>

Das Bild 9.6 zeigt das Prinzipschaltbild des Parametrons. Ein Generator speist die Frequenz 2ω ein, am Lastwiderstand R_L steht die Frequenz ω zur Verfügung. Die Blindwiderstände jX_1 und jX_2 haben wie beim Frequenzverdoppler die Aufgabe die Ströme $\underline{I}_2$ der Frequenz 2ω und $\underline{I}_1$ der Frequenz ω, die in der Kapazitätsdiode fließen, zu trennen und das Fließen von Strömen höherer Oberwellen zu verhindern. Für die Kapazitätsdiode gelten wieder die Gl. 9.4 und 9.5

$$\underline{U}_1 = S_D\,\underline{Q}_1 - \frac{1}{2C_O{}^2\varphi}\,\underline{Q}_2\,\underline{Q}_1{}^{*} \qquad\qquad \underline{U}_2 = S_D\,\underline{Q}_2 - \frac{1}{4C_O{}^2\varphi}\,\underline{Q}_1{}^2$$

Die äußere Schaltung ergibt für die Frequenz ω

$$\underline{U}_1 = -j\omega\underline{Q}_1 (R_L + jX_1) \tag{9.26}$$

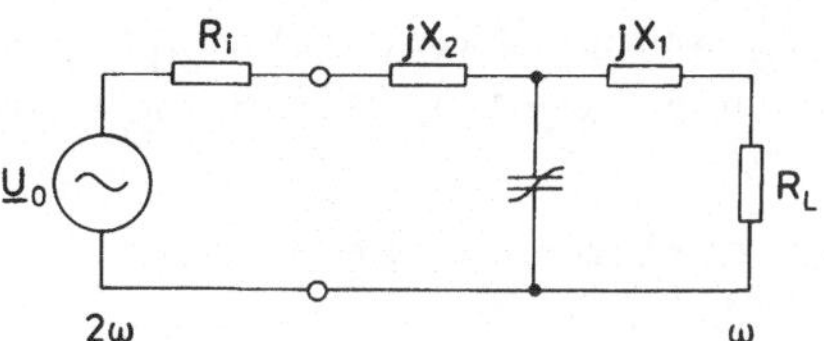

Bild 9.6 Parametron

Die Gl. 9.4 und 9.26 ergeben zusammen

$$-j\omega\underline{Q}_1 \cdot R_L + \omega X_1 \cdot \underline{Q}_1 = S_D \cdot \underline{Q}_1 - \frac{1}{2C_O{}^2\varphi} \underline{Q}_2 \cdot \underline{Q}_1{}^* \quad . \tag{9.27}$$

Abstimmung im Kreis für die Frequenz ω heißt

$$\frac{1}{\omega C_D} - X_1 = 0 \quad . \tag{9.28}$$

Dann bleibt von Gl. 9.27 noch übrig

$$0 = j\omega\underline{Q}_1 \left(R_L - \frac{1}{2j\omega C_O{}^2\varphi} \cdot \frac{\underline{Q}_2 \; \underline{Q}_1{}^*}{\underline{Q}_1} \right) = j\omega\underline{Q}_1 (R_L + \underline{Z}_1{}') \tag{9.29}$$

mit

$$\underline{Z}_1{}' = - \frac{1}{2j\omega C_O{}^2\varphi} \cdot \frac{1}{2} \hat{q}_2 \exp\left[j(\varphi_2 - 2\varphi_1) \right] \quad , \tag{9.30}$$

wenn $\underline{Q}_1 = \frac{1}{2} \hat{q}_1 \exp(j\varphi_1)$ und $\underline{Q}_2 = \frac{1}{2} \hat{q}_2 \exp(j\varphi_2)$ bedeutet. Ein Strom $\underline{I}_1$ = $j\omega\underline{Q}_1$ mit der Frequenz ω kann im Parametron nur auftreten, wenn $\underline{Z}_1{}'$ reell und negativ ist. Der negative Widerstand $\underline{Z}_1{}'$ entdämpft den Kreis für die Frequenz ω, so daß der Strom $\underline{I}_1$ anschwingt. Dieses Anschwingen geschieht bei der Phasenbedingung

$$\varphi_2 - 2\varphi_1 - \frac{\pi}{2} + 2\pi K = 0 \tag{9.31}$$

$$\varphi_1 = \frac{1}{2} \varphi_2 - \frac{\pi}{4} + \pi K \quad , \quad K = 0 \text{ oder } 1 \quad .$$

Die Amplitudenbedingung $R_L + \underline{Z}_1{}' = 0$ ergibt den Anfachungswert

$$\hat{q}_2 = 4\omega C_O{}^2\varphi \, R_L \tag{9.32}$$

Der Kreis für die Frequenz ω ist stets abgestimmt, wenn das Anschwingen stattfindet. Wenn die Gl. 9.28 nicht erfüllt ist, dann gilt

$$-\mathrm{Im}(\underline{Z}_1') + \frac{1}{\omega C_D} - X_1 = 0 \quad \text{und} \quad \mathrm{Re}(\underline{Z}_1') + R_L = 0 \ . \qquad (9.33)$$

D.h. die Phasenbedingung Gl. 9.31 führt zu einem Phasenwinkel φ_1, der um $\frac{1}{2}$ arctan$\left[\mathrm{Im}(\underline{Z}_1')/\mathrm{Re}(\underline{Z}_1')\right]$ verändert ist. In der Amplitudenbedingung Gl. 9.32 wird R_L durch $|\underline{Z}_1'|$ ersetzt, wobei stets $|\underline{Z}_1'| \geq R_L$ gilt.

Bei Abstimmung ist die Stromamplitude

$$\hat{i}_2 = 8\omega^2 c_0^{\,2}\varphi\, R_L \qquad (9.34)$$

im Eingangskreis für die Frequenz 2ω nur von dem Widerstand R_L und nicht von den Widerständen im Kreis für 2ω, nicht einmal von der Generatorspannung $\underline{U}_0$ abhängig. Diese Eigenschaft wird verständlich, wenn man die äußere Schaltung des Kreises für 2ω mit der Gl. 9.5 zusammenfügt. Dann gilt

$$\underline{U}_0 = j2\omega\underline{Q}_2\left(R_i + jX_2 + \frac{1}{j2\omega C_D}\right) - \frac{1}{4c_0^{\,2}\varphi}\,\underline{Q}_1^{\,2} \qquad (9.35)$$

Abstimmung im Kreis für 2ω bedeutet

$$\frac{1}{2\omega C_D} - X_2 = 0 \qquad (9.36)$$

und ergibt aus Gl. 9.35

$$\underline{Q}_1^{\,2} = -4c_0^{\,2}\varphi\left(\underline{U}_0 - \underline{I}_2\, R_i\right) \qquad (9.37)$$

Das Ersatzschaltbild des Parametrons in Bild 9.7 erläutert diese Verhältnisse. Dort ist noch

$$-\frac{1}{4c_0^{\,2}\varphi}\,\underline{Q}_1^{\,2} = \underline{I}_2\cdot\underline{Z}_2' \qquad (9.38)$$

mit $\underline{Z}_2' = -\dfrac{1}{4c_0^{\,2}\varphi}\cdot\dfrac{\underline{Q}_1^{\,2}}{\underline{Q}_2}\cdot\dfrac{1}{j2\omega}$ gesetzt.

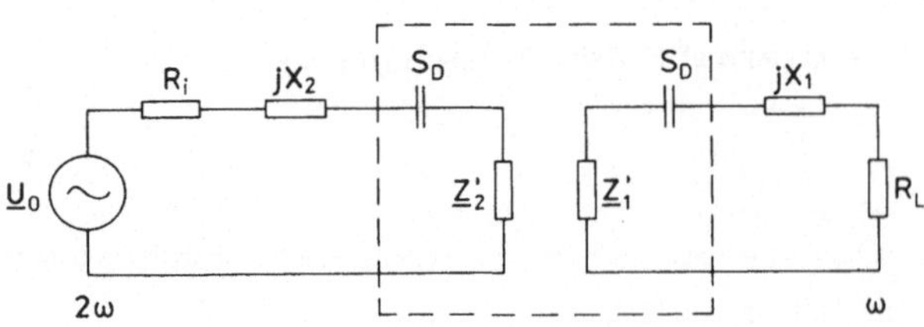

Bild 9.7 Ersatzschaltbild
        des Parametrons

Beachtet man in $\underline{Z}_2{}'$ die Phasenbedingung Gl. 9.31, so ist $\underline{Z}_2{}'$ stets positiv reell

$$\underline{Z}_2{}' = \frac{1}{16 \cdot \omega C_O{}^2 \varphi} \cdot \frac{\hat{q}_1{}^2}{\hat{q}_2} = Z_2{}' \qquad\qquad (9.39)$$

Bei Verstimmung im Kreis für ω wird $\underline{Z}_2{}'$ komplex. Bei Abstimmung in beiden Kreisen sind die Generatorspannung $\underline{U}_O$ und der Strom $\underline{I}_2$ in Phase und es gilt

$$\hat{u}_O = \hat{i}_2 (R_i + Z_2{}') \; . \qquad\qquad (9.40)$$

Daraus wird mit Gl. 9.39

$$\hat{u}_O = \hat{i}_2 \, R_i + \frac{\hat{q}_1{}^2}{8 C_O{}^2 \varphi}$$

bzw. mit Gl. 9.34

$$\hat{i}_1{}^2 = 8 \cdot \omega^2 C_O{}^2 \varphi (\hat{u}_O - 8 \cdot \omega^2 C_O{}^2 \varphi \, R_L \cdot R_i) \qquad\qquad (9.41)$$

An dieser Beziehung erkennt man, wann bei Verändern von $\hat{u}_O$, R_L oder R_i die Schwingungsamplitude $\hat{i}_1$ der halben Frequenz ω abreißt. Nach Gl. 9.34 läßt sich die Amplitude $\hat{i}_2$ durch R_L erhöhen, aber nur bis nach Gl. 9.41 $\hat{i}_1 = 0$ wird. Dann wird $Z_2{}' = 0$ und $\hat{i}_2$ wird auf $\hat{u}_O/R_i$ begrenzt; immer Abstimmung der Kreise und Einhalten der Aussteuerungsgrenzen vorausgesetzt.

Der Strom $i_1(t)$, der durch den Widerstand R_L fließt, kann noch in zwei sich um den Winkel π unterscheidenden Phasenlagen auftreten. Dadurch kann das Parametron als binäres Speicherelement benutzt werden. Die Phasenlage kann abgefragt werden und wird durch eine äußere Spannung, die kurzzeitig dem Widerstand R_L in der abzuspeichernden Phasenlage aufgezwungen wird, eingestellt. Durch diese Anwendung ist das Parametron bekannt geworden [12].

9.2.2 Magnetischer Frequenzhalbierer

Dieses Beispiel wird weniger wegen seiner Anwendungsbedeutung in dieses Kapitel aufgenommen, als vielmehr, weil die Eigenschaften dieses Halbierers an verschiedenen mathematischen Näherungen für die Magnetisierungskennlinie gezeigt werden können, wobei der Rechenaufwand recht unterschiedlich ist.

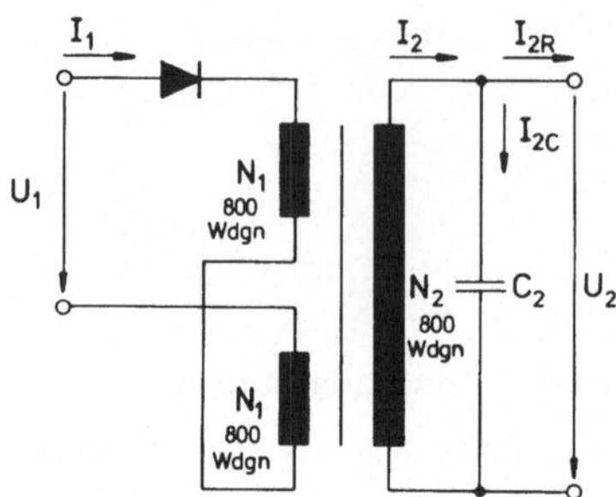

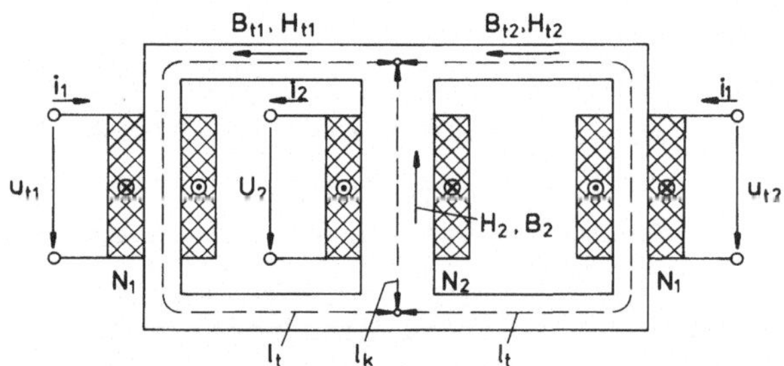

Bild 9.8 Reihengegentaktschaltung
         des Frequenzteilers
         (mit automatischer Vor-
         magnetisierung)

Die Schaltung dieses Halbierers zeigt Bild 9.8. Ein Generator speist
50 Hz ein. Am Ausgang entsteht die halbe Frequenz von 25 Hz. Die Gegentaktschaltung verhindert, daß die Frequenz von 25 Hz in den Eingangskreis gelangt. Deshalb ist dort keine Frequenzselektion erforderlich. Den magnetischen Kern mit den drei Wicklungen zeigt Bild 9.9.
Die nichtlineare Magnetisierungskennlinie dieses Kerns verknüpft die
Amplituden der Frequenzen 2ω und ω. Durch die Diode im Eingangskreis
entsteht ein Gleichstrom, der den Arbeitspunkt der Kennlinie einstellt.

Bild 9.9 Kern mit Wicklungen; $u_1 = u_{t1} + u_{t2}$, Eisenquerschnitt im
         Außenschenkel A, Weglängen des Induktionsflusses l_t und l_k

Bild 9.10 zeigt gemessene Lastkennlinien $U_2 = f(I_{2R})$ mit U_1 als Parameter. Diese Lastkennlinien werfen eine Reihe von Fragen auf.

   Warum ist die Ausgangsspannung U_2 trotz wachsender Last nahezu konstant?

   Bei welchem Lastwiderstand reißt die Schwingung der Frequenz ω ab?

   Warum steigt U_2 mit kleiner werdenden U_1?

Diese Zusammenhänge sollen die folgenden Berechnungen klären. Dazu werden als Magnetisierungskennlinien des Eisenkerns

$$H = K \cdot B^3 \tag{9.42}$$

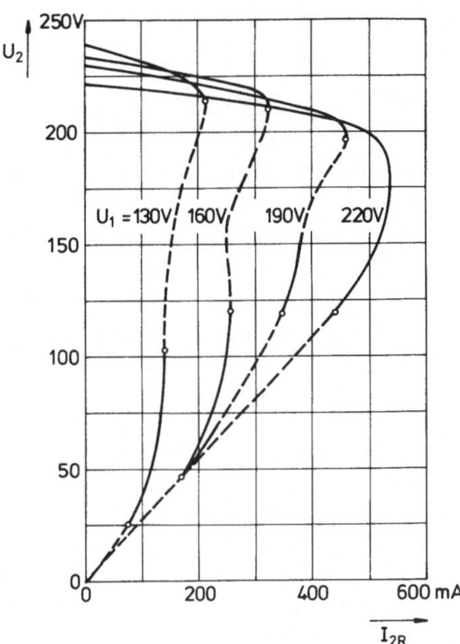

Bild 9.10 Lastkennlinien
          des Frequenzteilers
          ———— stabil
          ----- instabil

oder

$$H = K \cdot B^5 \tag{9.43}$$

oder eine ideale geknickte Kennlinie nach Bild 1.9 mit und ohne Hysterese benutzt. In jedem Fall gilt für die magnetische Induktion B_2 im
Mittelschenkel des Kerns, der die Spannung U_2 erzeugt

$$B_2(t) = \hat{B}_2 \cdot \cos(\omega t + \varphi) \tag{9.44}$$

mit $\omega = 2\pi f$, $f = 25$ Hz.

Der Kondensator C_2 ist groß genug, daß angenommen werden kann, er schlie-
ße alle auftretenden Oberwellen der Frequenz f kurz, zumal nur ungerad-
zahlige Vielfache von f vorkommen. In den Außenschenkeln des Kerns treten

$$B_{t1}(t) = B_O + \hat{B}_2 \cdot \cos(\omega t + \varphi) + \hat{B}_1 \cdot \cos 2\omega t \tag{9.45}$$

$$B_{t2}(t) = B_O - \hat{B}_2 \cdot \cos(\omega t + \varphi) + \hat{B}_1 \cdot \cos 2\omega t \tag{9.46}$$

auf. Auch auf der Eingangsseite wird angenommen, daß keine Oberwellen
auftreten. Der Generator soll so niederohmig sein, daß er alle Oberwellen der Frequenz 2ω kurzschließt. D.h. es wird Spannungsansteuerung

angenommen und als Kennlinien werden Funktionen H = f(B) gewählt. Die
Diode sorgt dafür, daß immer $i_1(t) \geqq 0$ gilt. Daraus folgt für den Arbeitspunkt $B_O = \hat{B}_1$. Denn $B_2(t)$ wird wegen der Gegentaktschaltung der
beiden Wicklungen N_1 über B_{t1} und B_{t2} nicht wirksam. Die magnetischen
Induktionen lauten

$$B_{t1}(t) = \hat{B}_1(1 + \cos 2\omega t) + \hat{B}_2 \cdot \cos(\omega t + \varphi) \qquad (9.47)$$

$$B_{t2}(t) = \hat{B}_1(1 + \cos 2\omega t) - \hat{B}_2 \cdot \cos(\omega t + \varphi) \qquad (9.48)$$

Setzt man $B_2(t)$, $B_{t1}(t)$ und $B_{t2}(t)$ in die Kennliniengleichung 9.42 ein,
so erhält man unter Vernachlässigung höherer Frequenzen als ω und 2ω

$$H_2(t) = \frac{3}{4} \cdot K \cdot \hat{B}_2^{\,3} \cdot \cos(\omega t + \varphi) \qquad (9.49)$$

$$\begin{aligned}
H_{t1,2}(t) = K \Bigg\{ &\hat{B}_1\left[\frac{5}{2}\cdot\hat{B}_1^{\,2} + \left(\frac{3}{2} + \frac{3}{4}\cdot\cos 2\varphi\right)\hat{B}_2^{\,2}\right] \\[2mm]
&\pm 3\cdot\hat{B}_2\left[\left(\frac{3}{2}\cdot\hat{B}_1^{\,2} + \frac{1}{4}\cdot\hat{B}_2^{\,2}\right)\cos(\omega t+\varphi) + \hat{B}_1^{\,2}\cdot\cos(\omega t-\varphi)\right] \\[2mm]
&+ \frac{3}{2}\cdot\hat{B}_1\left(\frac{5}{2}\cdot\hat{B}_1^{\,2} + \hat{B}_2^{\,2}\right)\cos 2\omega t + \frac{3}{2}\cdot\hat{B}_1\cdot\hat{B}_2^{\,2}\,\cos 2(\omega t+\varphi) \Bigg\} \quad .
\end{aligned} \qquad (9.50)$$

Nach dem Durchflutungssatz gilt mit Bild 9.9

$$N_1\cdot i_1 + N_2\cdot i_2 = H_{t1}\cdot l_t + H_2\cdot l_k \qquad (9.51)$$

$$N_1\cdot i_1 - N_2\cdot i_2 = H_{t2}\cdot l_t - H_2\cdot l_k \qquad (9.52)$$

Die Differenz ergibt

$$i_2(t) = \frac{1}{2\cdot N_2}\left\{l_t\left[H_{t1}(t) - H_{t2}(t)\right] + 2l_k\cdot H_2(t)\right\} \qquad (9.53)$$

und die Schaltung nach Bild 9.8

$$i_2(t) = \hat{i}_{2C}\cdot\cos(\omega t+\varphi) + \hat{i}_{2R}\cdot\sin(\omega t+\varphi) \qquad (9.54)$$

Setzt man die Gleichungen 9.49 und 9.50 ein, so erhält man

$$\hat{i}_{2R} = \frac{3K\cdot l_t}{N_2}\,\hat{B}_1^{\,2}\cdot\hat{B}_2\cdot\sin 2\varphi \qquad (9.55)$$

$$\hat{i}_{2C} = \frac{K}{N_2}\left[\left(\frac{9}{2}\cdot\hat{B}_1^{\ 2} + \frac{3}{4}\cdot\hat{B}_2^{\ 2} + 3\cdot\hat{B}_1^{\ 2}\cdot\cos 2\varphi\right)l_t + \frac{3}{4}\cdot l_k\cdot\hat{B}_2^{\ 2}\right]\hat{B}_2 \tag{9.56}$$

Nun gilt aber nach Bild 9.8 auch

$$\hat{i}_{2C} = \omega C_2\cdot\hat{u}_2 = 2\,AN_2\cdot\omega^2 C_2\cdot\hat{B}_2 \tag{9.57}$$

Diese Gleichung zusammen mit Gl. 9.56 ermöglicht $\hat{B}_2$ bzw. $\hat{u}_2$ zu berechnen und ergibt

$$\hat{u}_2 = 2A\cdot N_2\cdot\omega\sqrt{\frac{2A\cdot N_2^{\ 2}\cdot\omega^2 C_2 - 3K\cdot l_t\left(\frac{3}{2} + \cos 2\varphi\right)\hat{B}_1^{\ 2}}{\frac{3}{4}\cdot K(l_t + l_k)}} \tag{9.58}$$

In dieser Gleichung läßt sich cos 2φ mit Gl. 9.55 durch $\hat{i}_{2R}$ ersetzen. Das ergibt eine Beziehung zwischen $\hat{u}_2$ und $\hat{i}_{2R}$ mit $\hat{B}_1$ bzw. $\hat{u}_1$, der Kapazität C_2 und den übrigen Schaltungsgrößen als Parameter. Bild 9.11 zeigt eine Auswertung dieses Ergebnisses. Das Verhalten des Halbierers entspricht den Messungen nach Bild 9.10.

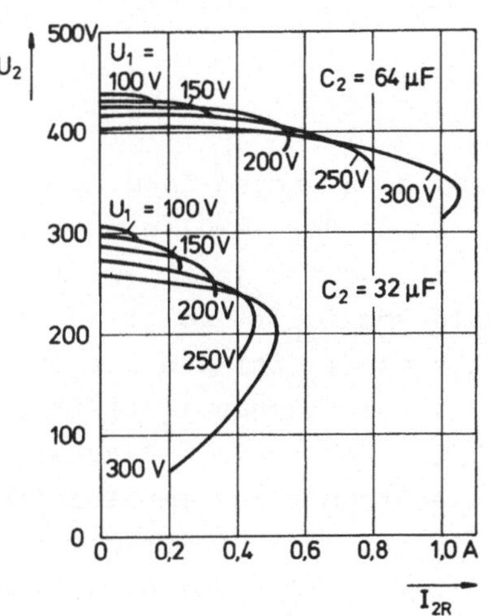

Bild 9.11 Berechnete Lastkennlinien
$U_2 = f(I_{2R})$ mit U_1 und C_2
als Parameter

Die berechnete Abhängigkeit von C_2 weicht stark von Messungen ab. Bessere Übereinstimmung läßt sich mit der Kennlinie $H = K\cdot B^5$ erzielen. Diese entspricht auch mehr der gemessenen Magnetisierungskennlinie.

Messungen ergeben auch, daß in $u_2(t)$ ein starker Anteil der Frequenz 3ω enthalten ist. Dieser läßt sich überhaupt erst mit der Kennlinie $H = K\cdot B^5$ berechnen. Die Ergebnisse dieser Rechnung stimmen mit den Messungen gut überein.

Aus alledem erkennt man, daß sich solche Schaltungen mit diesen Berechnungsmethoden gut analysieren lassen. Aber diese Rechnungen sind zu komplex, so daß sich daraus die Ursachen auffallender Eigenschaften nicht
ermitteln lassen. Dafür ist eine andere im folgenden dargestellte Be-
trachtungsweise geeigneter.

Die Magnetisierungskennlinie wird nach Bild 9.12 stark idealisiert angenommen. Bei $B_O = \hat{B}_1$ und, wenn $\hat{B}_2$ so groß gewählt wird, wie es die Magnetisierungskennlinie gerade zuläßt, erreicht, wie Bild 9.13 zeigt,
$B_{t1} = B_O + \hat{B}_1 \cdot \cos 2\omega t + \hat{B}_2 \cdot \cos(\omega t + \varphi)$ bei $\omega t = a$ und $\omega t = b$ den Wert der
Sättigungsinduktion B_S, sonst ist $B_{t1} < B_S$; entsprechend wird $B_{t2} = B_S$
bei $\omega t = c$ und $\omega t = d$. $H_{t1,2}$ ist Null außer, wenn der Wert B_S erreicht

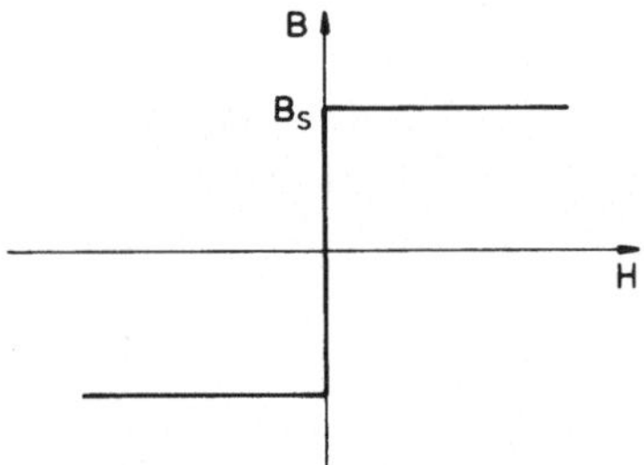

Bild 9.12 Magnetisierungs-
         kennlinie

wird, dann treten Impulse auf. Bild 9.13 macht diese Vorgänge deutlich.
Die Größe der Impulse wird durch die Belastung mit dem Strom $i_2(t)$ bestimmt. Denn $u_2(t)$ liegt in Größe und Phase durch $B_2(t)$ fest. Die Grundwelle von $i_{2R}(t)$ folgt aus der Größe des Lastwiderstandes R_2, die Grundwelle von $i_{2C}(t)$ aus der Größe von C_2. Durch die Grundwellengrößen sind
die Impulsflächen $i_2(t)$ festgelegt. Daher werden in Bild 9.13 die Impulse durch Striche dargestellt, deren Länge der Amplitude des Grund-
wellenstromes zum Impulszeitpunkt entspricht und der Impulsfläche proportional ist. Da bei der idealisierten Magnetisierungskennlinie $H_2(t)$
= O wird, folgt aus G. 9.51 und 9.52

$$i_2(t) = \frac{1}{2N_2} \, 1_t \left[H_{t1}(t) - H_{t2}(t) \right] \tag{9.59}$$

Auf diese Weise läßt sich auch $i_1(t)$ bestimmen.

An dieser Darstellung erkennt man, daß $\hat{u}_2$ unabhängig von dem Lastwiderstand R_2 konstant ist und daß dieses $\hat{u}_2$ um so kleiner wird, je größer
$\hat{u}_1$ ist. Dies gilt bei wachsender Last, d.h. kleiner werdendem R_2 und
größer werdendem $\hat{i}_{2R}$ bis für $\omega t = a$ und $\omega t = c$ die Amplituden i_{2R} und

i_{2C} gleich groß werden. Dann werden H_{t1} bei $\omega t = a$ und H_{t2} bei $\omega t = c$ zu Null. D.h. aber B_{t1} bzw. B_{t2} erreichen die Sättigung B_S nur noch bei $\omega t = b$ bzw. $\omega t = d$. Einen solchen Fall zeigt Bild 9.14. Jetzt wird $\hat{u}_2$

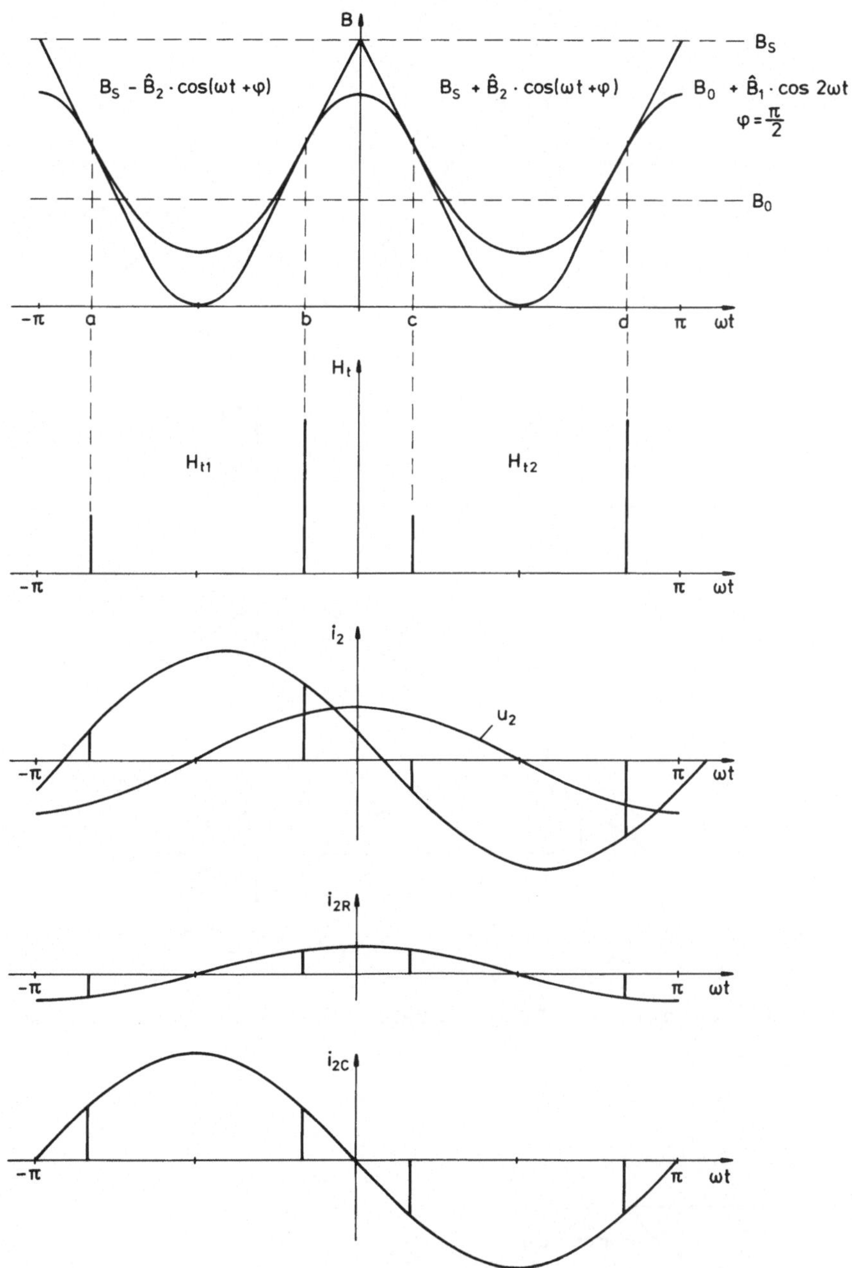

Bild 9.13 Magnetischer Frequenzteiler bei maximaler Spannung U_2

mit sinkendem R_2 kleiner bis die Schwingung der halben Frequenz abreißt. Bild 9.15 zeigt die sich bei diesen Idealisierungen ergebende Lastkennlinie. Auch der Einfluß der Kapazität C_2, die bei größeren Werten größere Lastströme zuläßt, wird jetzt verständlich.

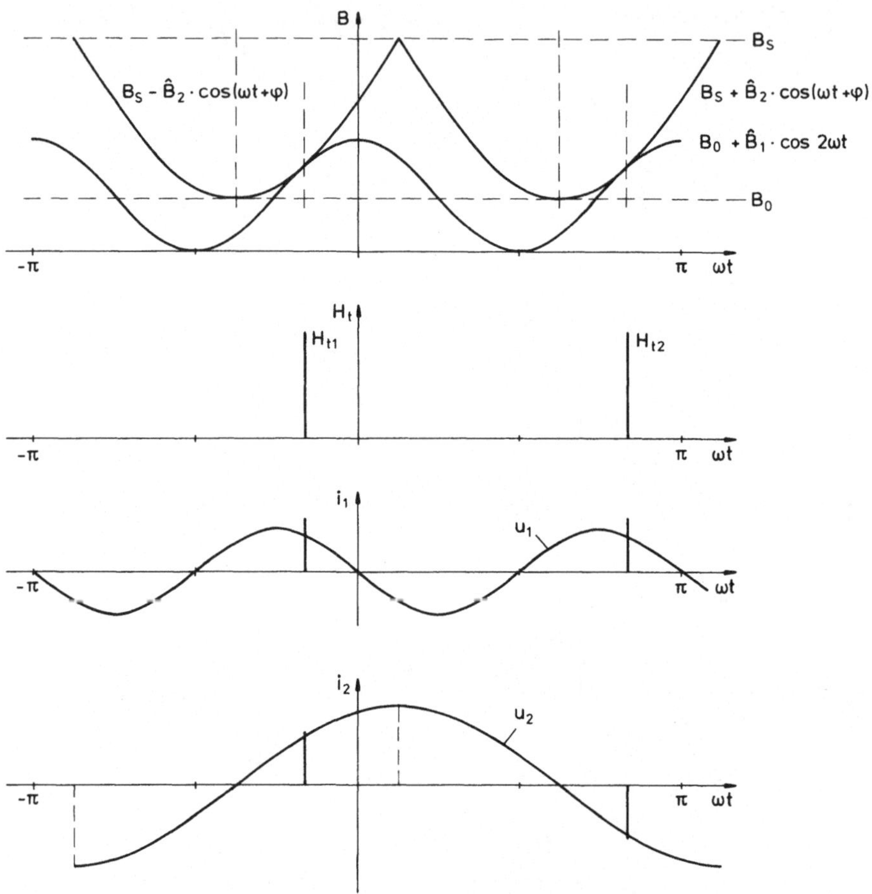

Bild 9.14 Magnetischer Frequenzteiler bei kleinerer Spannung U_2

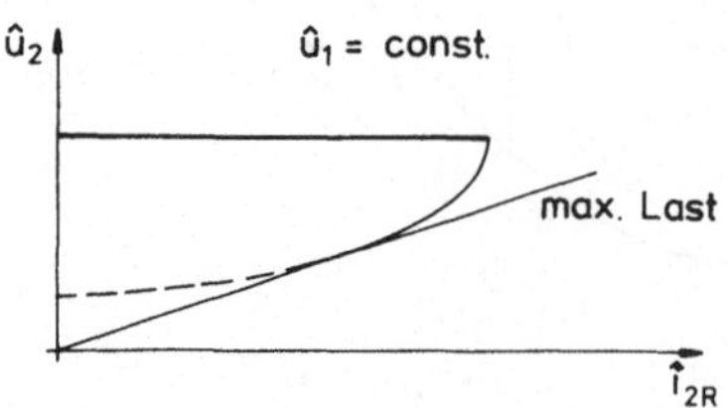

Bild 9.15 Idealisierte Lastkennlinie

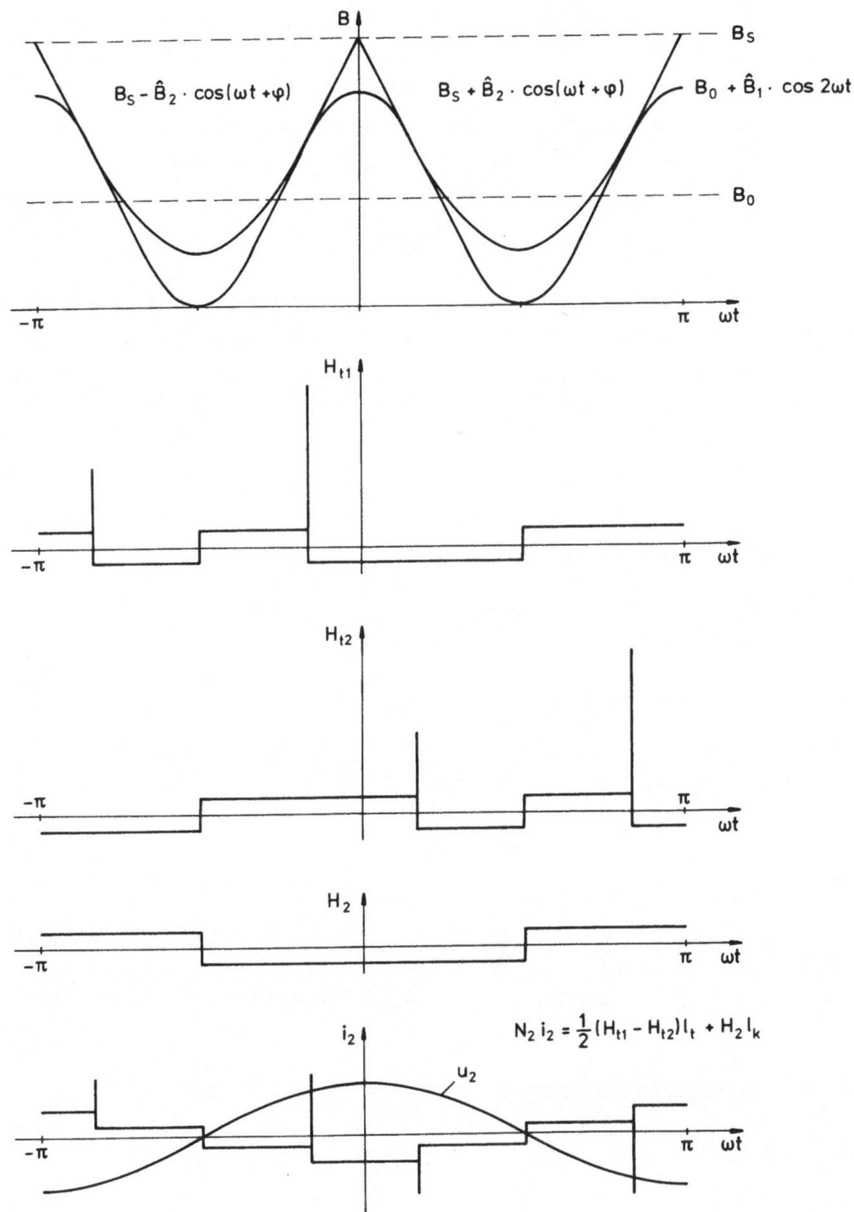

Bild 9.16 Einfluß der Hystereseverluste

Die Hysterese der Magnetisierungskennlinie läßt sich ebenfalls in diese Betrachtungen einbeziehen, wenn man die Kennlinie nach Bild 1.9 benutzt. Bild 9.16 zeigt, daß die Impulse von $i_2(t)$ zunächst die Hystereseverluste als Belastungen aufbringen müssen, ehe sie einen Laststrom $\hat{i}_{2R}$ verfügbar haben.

9.2.3 Frequenzdrittelung

Der Grundgedanke entspricht dem Parametron nach Kapitel 9.2.1. Man benötigt nur ein Bauelement, daß unmittelbar die Frequenz verdreifachen
kann. Hierzu ist eine Induktivität mit der Kennlinie

$$\Psi = L_1 I - L_3 I^3 \qquad (9.60)$$

geeignet, wie sie bei begrenzter Aussteuerung einer nichtlinearen Magnetisierungskennlinie auftritt. Bild 9.17 zeigt das Prinzipbild einer
Schaltung zur Frequenzdrittelung. Für den Windungsfluß in der nichtlinearen Induktivität gilt

$$\Psi(t) = L_1 \sum_\nu \underline{I}_\nu \exp(j\nu\omega t) - L_3 \sum_\lambda \sum_\mu \sum_\nu \underline{I}_\lambda \underline{I}_\mu \underline{I}_\nu \exp j(\lambda+\mu+\nu)\omega t \qquad (9.61)$$

Daraus folgt für die Frequenz ω

$$\underline{\Psi}_1 = L_1\underline{I}_1 - 3L_3\left[\left(2I_3{}^2 + I_1{}^2\right)\underline{I}_1 + \underline{I}_1^{*2} \underline{I}_3\right] \qquad (9.62)$$

und für die Frequenz 3ω

$$\underline{\Psi}_3 = L_1\underline{I}_3 - L_3\left[3\left(I_3{}^2 + 2I_1{}^2\right)\underline{I}_3 + \underline{I}_1{}^3\right] \qquad (9.63)$$

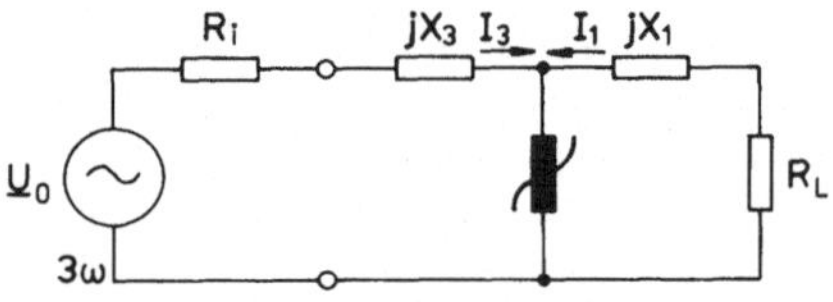

Bild 9.17 Frequenzdrittelung

Für die äußere Schaltung gilt

$$j\omega\underline{\Psi}_1 = -\underline{I}_1(jX_1 + R_L) \qquad (9.64)$$

Mit $L_i = L_1 - 3L_3(2I_3{}^2 + I_1{}^2)$ folgt daraus

$$\underline{I}_1(jX_1 + R_L) = -j\omega L_i\underline{I}_1 + j3\omega L_3\underline{I}_1^{*2} \underline{I}_3 \qquad (9.65)$$

Im Abstimmungsfall $X_1 + \omega L_i = 0$ ergibt sich

$$R_L = 3\omega L_3 \cdot I_1 I_3 \cdot \exp j\left(\varphi_3 - 3\varphi_1 + \frac{\pi}{2}\right) \qquad (9.66)$$

Die Anfachbedingungen für das Auftreten der gedrittelten Frequenz
lauten dann

Amplitudenbeziehung

$$I_3 = \frac{R_L}{3\omega L_3 I_1} \tag{9.67}$$

Phasenbeziehung

$$\varphi_1 = \frac{1}{3}\,\varphi_3 + \frac{\pi}{6} - \frac{2\pi}{3}\,K \qquad K = 0,1,2 \tag{9.68}$$

Aus Gl. 9.67 erkennt man, daß sich die Frequenz ω nicht ohne weiteres
wie beim Parametron anfachen läßt; der Anfachungsstrom I_3 muß unendlich
groß werden, solange I_1 = 0 ist. Nur bei zunächst von außen eingespeis-
tem I_1 kann ein endlich großer Strom I_3 die gedrittelte Schwingung auf-
rechterhalten, auch wenn dann der äußere Strom I_1 weggenommen wird. An
Gl. 9.68 sieht man, daß die Schwingung der Frequenz ω in drei Phasenlagen auftreten kann. Beim Parametron waren es zwei Phasenlagen.

9.2.4 Frequenzteilung durch Speicherwirkung

Nach Kapitel 9.2.3 sieht es aus, als ob es kaum möglich ist, Frequenzteiler mit Hilfe nichtlinearer Bauelemente herzustellen, die um mehr
als den Faktor zwei teilen. Darum soll in diesem Kapitel gezeigt werden,
daß höhere Faktoren möglich sind, wenn ein Speicher mit nichtlinearer
Kennlinie in der Art einer Zählung die Teilung durchführt.

Bild 9.18 zeigt Prinzipschaltbild und Kennlinie des nichtlinearen Elementes. Die Funktion soll an den zeitlichen Strom- und Spannungsverläu-
fen in Bild 9.19 deutlich gemacht werden. Die Betrachtung beginnt bei
$t = \tau$. Die Induktivität befindet sich in der Sättigung Ψ_S. Dann ist
u_L = 0. u_C ist auf den Wert der Rechteckspannung u = +U aufgeladen, der

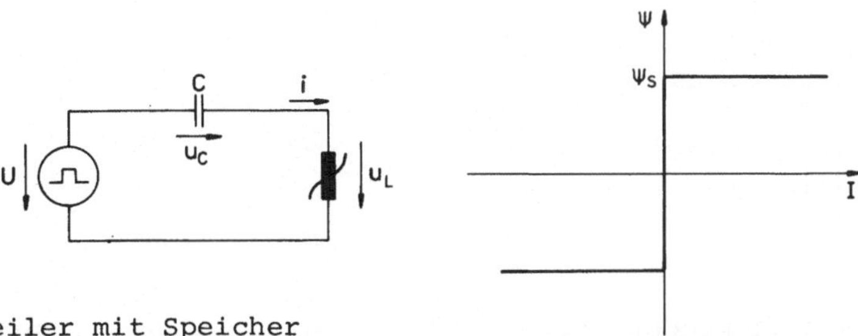

Bild 9.18 Frequenzteiler mit Speicher

Strom hat den Wert i = O. Das bleibt so, bis die Generatorspannung u
auf den Wert -U springt. Dann wird u_L = -2U und die Induktivität wird
abmagnetisiert. Die Abmagnetisierungsfläche $2U \cdot \frac{1}{2}T$ ist kleiner als $2 \cdot \Psi_S$.
Dann bleibt ψ auf dem bei t = T erreichten Wert liegen, da jetzt wie-
der u = +U und u_L = O ist. Bei der nächsten negativen Halbwelle der
Rechteckspannung u(t) soll ψ = $-\Psi_S$ erreicht werden. Dann wird u_L = O
und u_C wird auf den Wert -U durch einen entsprechenden Stromimpuls mit
der Impulsfläche -2CU umgeladen. Bis t = 2T bleibt ψ auf $-\Psi_S$ liegen,
dann beginnt der umgekehrte Vorgang, bis bei t = ι + 3T ψ = $+\Psi_S$ geworden
ist. Die Grundwelle des Stromes i(t) und auch der anderen Größen hat
ein Drittel der Frequenz der Rechteckspannung u(t). Durch kleinere Span-
nungszeitflächen in u_L lassen sich entsprechend höhere, allerdings un-
gerade Teilungsfaktoren erreichen. Die Bedingungsgleichungen lauten für
die Drittelung

$$\left(\frac{T}{2} + \iota\right) \cdot 2U = 2 \cdot \Psi_S \tag{9.69}$$

für die Fünftelung

$$(T + \iota) \cdot 2U = 2 \cdot \Psi_S \tag{9.70}$$

usw..

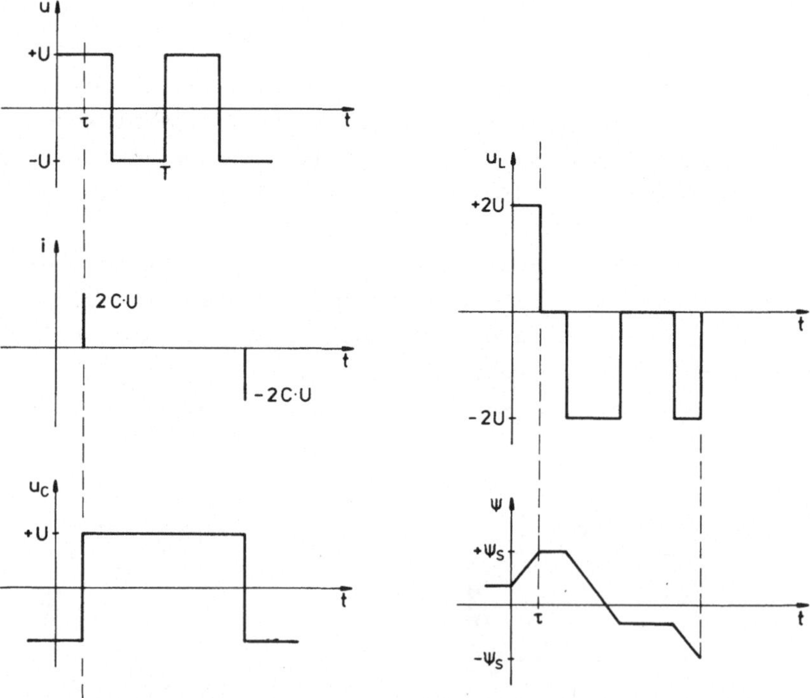

Bild 9.19 Funktionsweise des Frequenzteilers mit Speicher

9.3 Parametrische Schaltungen

Als parametrische Schaltungen bezeichnet man Netzwerke mit einem nichtlinearen Bauelement, die von zwei Quellen mit unterschiedlichen Frequenzen gespeist werden. Dabei wird die Amplitude der einen Frequenz groß
gegenüber der der anderen gewählt. Die große Amplitude wird als Pumpamplitude, die kleine als Signalamplitude bezeichnet. Die Berechnungs-
verfahren dieser Schaltungen sind in Kap. 4.4.3 Kleinsignaltheorie behandelt worden. Zu diesen Schaltungen gehören Frequenzauf- und abwärtsumsetzer und parametrische Verstärker. Ausführlich wird dieses Gebiet
in [6] behandelt.

9.3.1 Parametrischer Umsetzer mit Kapazitätsdiode

In der Schaltung nach Bild 9.20 treten die Signalfrequenz ω_1, die Pumpfrequenz ω_2 und die umgesetzte Frequenz $\omega_3 = \omega_2 - \omega_1$ auf. Die äußere
Schaltung sorgt dafür, daß die Kapazitätsdiode als nichtlineares Ele-
ment nur von diesen drei Frequenzen angesteuert wird. Das Signal steuert
die Schaltung mit dem Kurzschlußstrom $\underline{I}_{K1}$ über den Innenleitwert G_i an.
Die Pumpamplitude geht entsprechend der Kleinsignaltheorie nur in die
Kapazitätswerte $\underline{C}_{k0}$ ein. Da die Schaltung nur die Frequenzen ω_1 und ω_3
mit kleiner Amplitude zuläßt, vereinfacht sich die Gleichung 4.64 von
S.42 zu

$$\begin{pmatrix} \underline{Q}_{01} \\ \underline{Q}_{1,-1}^{*} \end{pmatrix} = \begin{pmatrix} \underline{C}_{00} & \underline{C}_{10} \\ \underline{C}_{10}^{*} & \underline{C}_{00} \end{pmatrix} \begin{pmatrix} \underline{U}_{01} \\ \underline{U}_{1,-1}^{*} \end{pmatrix} \tag{9.71}$$

Ersetzt man darin die Ladung $\underline{Q}_{01}$ durch den Strom $\underline{I}_1 = j\omega_1\underline{Q}_{01}$ und die
Ladung $\underline{Q}_{1,-1}$ durch den Strom $\underline{I}_3 = j\omega_3\underline{Q}_{1,-1}$, so erhält man mit $\underline{C}_{00}^{*} = \underline{C}_{00}$
das Gleichungssystem

$$\begin{aligned}
\underline{I}_1 &= j\omega_1 \cdot \underline{C}_{00} \cdot \underline{U}_1 + j\omega_1 \cdot \underline{C}_{10} \cdot \underline{U}_3^{*} \\
\underline{I}_3 &= j\omega_3 \cdot \underline{C}_{00} \cdot \underline{U}_3 + j\omega_3 \cdot \underline{C}_{10} \cdot \underline{U}_1^{*}
\end{aligned} \tag{9.72}$$

Darin sind $\underline{I}_1$ und $\underline{I}_3$ die Ströme durch die Kapazitätsdiode und $\underline{U}_1 = \underline{U}_{01}$,
$\underline{U}_3 = \underline{U}_{1,-1}$ die Spannungen an der Kapazitätsdiode. Die äußere Schaltung
ist so dimensioniert, daß $\underline{I}_3 = -\underline{U}_3 \cdot \underline{Y}_3$ mit $\underline{Y}_3 = G_3 + G_{3V} + jB_3$ gilt, wobei
G_3 der Leitwert ist, an dem das umgesetzte Signal zur Verfügung steht
und G_{3V} der Verlustleitwert des Schwingkreises mit dem Blindleitwert
jB_3. Ersetzt man $\underline{I}_3$ durch $-\underline{U}_3 \cdot \underline{Y}_3$, berechnet $\underline{U}_3$ aus der zweiten Gleichung

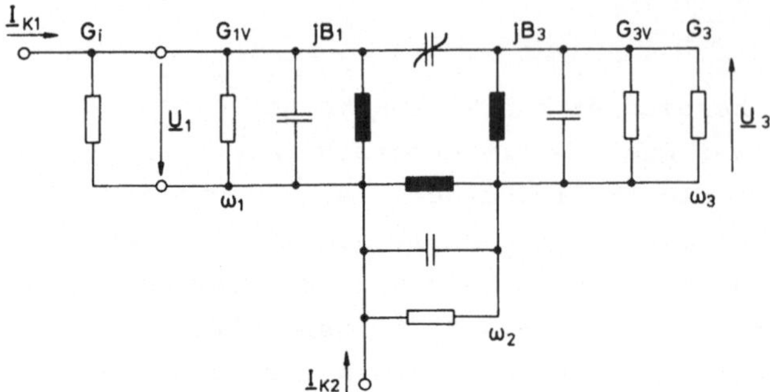

Bild 9.20 Parametrischer Umsetzer mit Kapazitätsdiode

von 9.72 und führt $\underline{U}_3$ in die erste Gleichung ein, so ergibt sich

$$\underline{I}_1 = j\omega_1 \cdot \underline{C}_{00} \cdot \underline{U}_1 + j\omega_1 \cdot \underline{C}_{10} \frac{-j\omega_3 \cdot \underline{C}_{10}^* \cdot \underline{U}_1}{-\underline{Y}_3^* + j\omega_3 \cdot \underline{C}_{00}} \tag{9.73}$$

Bei Abstimmung des Kreises für ω_3 einschließlich der Kapazitätsdiode gilt

$$\underline{Y}_3^* - j\omega_3 \cdot \underline{C}_{00} = G_3 + G_{3V} = G_3' \tag{9.74}$$

Dann wird aus Gl. 9.73

$$\underline{I}_1 = j\omega_1 \cdot \underline{C}_{00} \cdot \underline{U}_1 - \frac{\omega_1 \omega_3 |\underline{C}_{10}|^2}{G_3'} \underline{U}_1 \tag{9.75}$$

Bezeichnet man den Ausdruck $\omega_1 \omega_3 |\underline{C}_{10}|^2 / G_3'$ mit G_C und stimmt den Eingangskreis auf ω_1 ab, so gilt

$$\underline{I}_{K1} = \underline{U}_1 \left(G_i + G_{1V} - G_C \right) \tag{9.76}$$

Mit $\underline{I}_{K3} = j\omega_3 \cdot \underline{C}_{10} \cdot \underline{U}_1^*$ und Abstimmung im Ein- und Ausgang läßt sich der parametrische Umsetzer durch eine Ersatzschaltung nach Bild 9.21 dar-

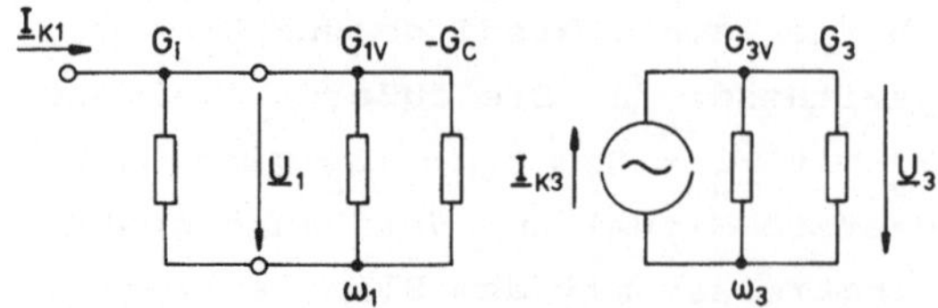

Bild 9.21 Ersatzschaltung des abgestimmten parametrischen Umsetzers

stellen. Diese Schaltung ist linear, solange die Pumpamplitude außer Betracht bleibt. Berechnet man für den Umsetzer die verfügbare Leistungsverstärkung, so erhält man

$$V_p = \frac{|\underline{I}_{K3}|^2 \cdot G_3}{G_3'^2} \Bigg/ \frac{|\underline{I}_{K1}|^2}{4 \cdot G_i} \qquad (9.77)$$

Setzt man $\underline{I}_{K1}$ und $\underline{I}_{K3}$ ein, so ergibt sich mit $G_i' = G_i + G_{1V}$

$$V_p = \frac{4 \cdot G_i \cdot G_3}{G_3'^2} \cdot \frac{\omega_3^2 |\underline{C}_{10}|^2 |\underline{U}_1|^2}{|\underline{U}_1|^2 (G_i' - G_C)^2} = \frac{\omega_3}{\omega_1} \cdot \frac{4 \cdot G_C \cdot G_i \cdot G_3}{G_3' (G_i' - G_C)^2} \qquad (9.78)$$

Mit $x = G_C/G_i'$ wird daraus

$$V_p = \frac{\omega_3}{\omega_1} \cdot \frac{4x}{(1-x)^2} \cdot \frac{G_3 \cdot G_i}{G_3' \cdot G_i'} \approx \frac{\omega_3}{\omega_1} \cdot \frac{4x}{(1-x)^2} \qquad (9.79)$$

wenn die Verluste G_{3V} und G_{1V} vernachlässigbar sind. Man erkennt, daß V_p unendlich werden kann, wenn $x = 1$ wird. Das kann durch Erhöhen von $|\underline{C}_{10}|$ über die Pumpamplitude geschehen. D.h. die Pumpamplitude muß in ihrer Größe begrenzt bleiben, wenn der Umsetzer stabil arbeiten soll. Denn $V_p = \infty$ heißt, die Schaltung schwingt, der Signalstrom $\underline{I}_{K1}$ kann Null werden, ω_3 erregt sich selbst. x kann nicht größer als eins werden, da es sich dann durch nichtlineare Vorgänge selbst begrenzt. Durch geeignete Festlegung von $x < 1$ kann ein solcher Umsetzer erhebliche Leistungsverstärkung erreichen. Allerdings steigt dabei die Güte der Schwingkreise und der Umsetzer wird schmalbandig.

Diese Betrachtungen gelten sowohl für die Aufwärtsumsetzer mit $\omega_3 > \omega_1$, als auch für den Abwärtsumsetzer mit $\omega_3 < \omega_1$. Allerdings ist dabei stets in der Leistungsverstärkung V_p das Frequenzverhältnis ω_3/ω_1 richtig einzusetzen. Der Abwärtsumsetzer hat weniger Verstärkung als der Aufwärtsumsetzer.

Eine ganz ähnliche Schaltung und Berechnung gilt auch für einen Aufwärtsumsetzer von der Signalfrequenz ω_1 auf die umgesetzte Frequenz $\omega_4 = \omega_2 + \omega_1$. Hierfür ergibt sich

$$\begin{aligned}
\underline{I}_1 &= j\omega_1 \cdot \underline{C}_{00} \cdot \underline{U}_1 + j\omega_1 \cdot \underline{C}_{10}^* \cdot \underline{U}_4 \\
\underline{I}_4 &= j\omega_4 \cdot \underline{C}_{00} \cdot \underline{U}_4 + j\omega_4 \cdot \underline{C}_{10} \cdot \underline{U}_1
\end{aligned} \qquad (9.80)$$

Mit $\underline{I}_4 = -\underline{U}_4 \cdot \underline{Y}_4$ folgt daraus

$$\underline{I}_1 = j\omega_1 \cdot \underline{C}_{00} \cdot \underline{U}_1 + \frac{\omega_1 \omega_4 \left|C_{10}\right|^2 \underline{U}_1}{\underline{Y}_4 + j\omega_4 \cdot \underline{C}_{00}} \tag{9.81}$$

Bei Abstimmung, Vernachlässigung der Schwingkreisverluste und Einführen von G_C bzw. x folgt daraus für die verfügbare Leistungsverstärkung

$$V_p = \frac{\omega_4^2 \left|\underline{C}_{10}\right|^2 \left|\underline{U}_1\right|^2 \cdot 4 \cdot G_i}{G_4 \left|\underline{I}_{K1}\right|^2} = \frac{\omega_4}{\omega_1} \cdot \frac{4x}{(1+x)^2} \tag{9.82}$$

Hier tritt keine Selbsterregungsgefahr auf. Bei x = 1 erreicht die Leistungsverstärkung den Wert des Frequenzverhältnisses ω_4/ω_1.

Speist man ω_4 als Signalfrequenz ein und setzt auf die Frequenz $\omega_1 = \omega_4 - \omega_2$ um, so gilt auch die Gleichung 9.80. Nur muß jetzt mit $\underline{I}_1 = -\underline{U}_1 \cdot \underline{Y}_1$ der Strom $\underline{I}_4$ bestimmt werden. Die Leistungsverstärkung ergibt sich dann zu

$$V_p = \frac{\omega_1}{\omega_4} \cdot \frac{4x}{(1+x)^2} \quad \text{mit } x = \frac{G_C}{G_i} = \frac{\omega_1 \omega_4 \left|\underline{C}_{10}\right|^2}{G_1 \cdot G_i} \tag{9.83}$$

und kann nie größer als das Frequenzverhältnis ω_1/ω_4 worden, daß voraussetzungsgemäß kleiner als eins ist.

9.3.2 Parametrischer Umsetzer mit nichtlinearem Widerstand

Die Schaltung ist die gleiche wie in Bild 9.20, nur daß die Kapazitätsdiode durch einen nichtlinearen Widerstand ersetzt ist.

Für den Umsetzer auf die Differenzfrequenz $\omega_3 = \omega_2 - \omega_1$ für $\omega_3 > \omega_1$ oder $\omega_3 < \omega_1$ gilt nach Gl. 4.62 auf S.41 mit den gleichen Annahmen wie in Kap. 9.3.1

$$\begin{aligned}
\underline{I}_1 &= \underline{G}_{00} \cdot \underline{U}_1 + \underline{G}_{10} \cdot \underline{U}_3^* \\
\underline{I}_3 &= \underline{G}_{00} \cdot \underline{U}_3 + \underline{G}_{10} \cdot \underline{U}_1^*
\end{aligned} \tag{9.84}$$

Mit $\underline{I}_3 = -\underline{U}_3 \cdot \underline{Y}_3$ folgt daraus

$$\underline{I}_1 = G_{00} \cdot \underline{U}_1 - \left|\underline{G}_{10}\right|^2 \cdot \frac{1}{G_{00} + \underline{Y}_3^*} \underline{U}_1 \tag{9.85}$$

Dabei ist G_{OO} reell, wie schon die Gl. 4.68 am Beispiel auf S.42 zeigte. Bei Abstimmung im Ein- und Ausgangskreis und $G_C = |\underline{G}_{10}|^2 / (G_{OO} + G_3)$ ergibt sich daraus die verfügbare Leistungsverstärkung

$$V_p = \frac{|\underline{G}_{10}|^2 \cdot |\underline{U}_1|^2 \cdot G_3}{(G_{OO} + G_3)^2} \Bigg/ \frac{|\underline{U}_1|^2 (G_i + G_{OO} - G_C)^2}{4 \cdot G_i} \tag{9.86}$$

Mit $x = G_C / (G_i + G_{OO})$ wird daraus

$$V_p = \frac{G_3 \cdot G_i}{(G_{OO} + G_3)(G_{OO} + G_i)} \cdot \frac{4x}{(1-x)^2} \tag{9.87}$$

Ein wesentlicher Unterschied zum Umsetzer mit Kapazitätsdiode besteht darin, daß die Größe G_{OO} in der Verstärkung wirksam bleibt, während die Größe $\underline{C}_{OO}$ nur in die Abstimmung eingeht. Weiterhin ist die Leistungsverstärkung vom Frequenzverhältnis unabhängig und G_{OO} wirkt in Gl. 9.87 dämpfend. Selbsterregung kann bei $x = 1$ wiederum auftreten. Allerdings läßt sich mit Hilfe der Gl. 4.63 auf S.41 zeigen, daß $x = 1$ nur erreichbar ist, wenn die nichtlineare Kennlinie einen instabilen Ast besitzt, der im Aussteuerbereich der Pumpamplitude liegt.

Auch der Umsetzer mit der Summenfrequenz, also der Aufwärtsumsetzer mit $\omega_4 = \omega_2 + \omega_1$ und der Abwärtsumsetzer mit $\omega_1 = \omega_4 - \omega_2$ besitzt eine Leistungsverstärkung

$$V_p = \frac{G_4 \cdot G_i}{(G_{OO} + G_4)(G_{OO} + G_i)} \cdot \frac{4x}{(1-x)^2} \tag{9.88}$$

Hier tritt also kein Unterschied zwischen der Verwendung der Differenz- und der Summenfrequenz auf, im Gegensatz zum Umsetzer mit Kapazitätsdiode.

Auch parametrische Umsetzer mit nichtlinearer Induktivität verhalten sich so wie die mit nichtlinearer Kapazität. Da ihre Anwendung nicht üblich ist, soll hier nicht darauf eingegangen werden.

9.3.3 Parametrischer Verstärker mit Kapazitätsdiode

In der Schaltung nach Bild 9.22 treten die Signalfrequenz ω_1, die Pumpfrequenz ω_2 und die umgesetzte Frequenz $\omega_3 = \omega_2 - \omega_1$ auf. D.h. für die Kapazitätsdiode gelten wieder die Gleichungen 9.72 und 9.73. Bei Abstimmung der Blindwiderstände auf die Frequenzen ω_1 und ω_3, sowie Vernachlässigung der Verlustwiderstände der Resonanzkreise ergibt sich

$$\underline{I}_{K1} = \underline{U}_1\left(G_i + G_L - G_C\right) \tag{9.89}$$

mit $G_C = \omega_1\omega_3\left|C_{10}\right|^2/G_3$.

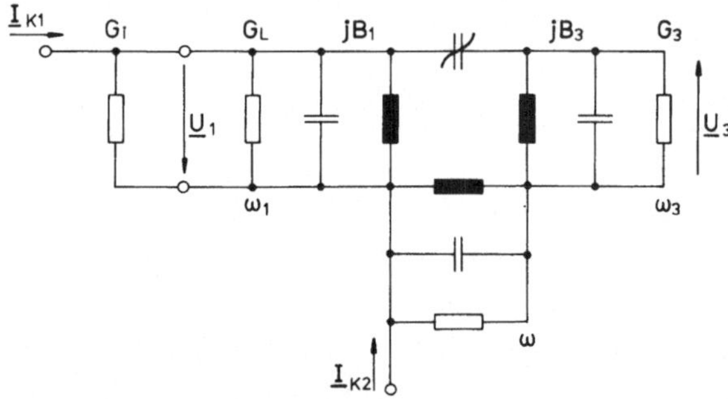

Bild 9.22 Parametrischer Verstärker mit Kapazitätsdiode

Hier tritt der Lastleitwert G_L auf, an dem die verstärkte Leistung bei der Frequenz ω_1 abgenommen wird. Darin unterscheidet sich auch der parametrische Verstärker vom parametrischen Umsetzer. Beim Umsetzer war G_3 der Lastleitwert. Jetzt ist G_3 nur ein Hilfsleitwert, der allerdings den Entdämpfungsleitwert G_C stark beeinflußt.

Die verfügbare Leistungsverstärkung beträgt dann

$$V_p = \left|\underline{U}_1\right|^2 \cdot G_L \bigg/ \frac{\left|\underline{I}_{K1}\right|^2}{4 \cdot G_i} \tag{9.90}$$

$$V_p = \frac{4 \cdot G_L \cdot G_i}{\left(G_i + G_L - G_C\right)^2} \tag{9.91}$$

und mit $x = G_C/(G_i + G_L)$

$$V_p = \frac{4 \cdot G_L \cdot G_i}{\left(G_i + G_L\right)^2} \cdot \frac{1}{(1-x)^2} \tag{9.92}$$

Bei Ansteigen von x bis in die Nähe von eins wird die Verstärkung V_p sehr groß. Dies wird durch die Größe $\underline{C}_{10}$ erreicht, die von der Pumpamplitude $\underline{I}_{K2}$ abhängt. Bei $x = 1$ tritt Selbsterregung des Verstärkers bei

der Resonanzfrequenz auf. Darum muß, wenn hohe Verstärkungen erreicht
werden sollen, der Wert $|\underline{I}_{K2}|$ gut konstant sein. Denn gerade bei hohen
Verstärkungen schwankt V_p sehr stark mit $|\underline{I}_{K2}|$.

Eine Verstärkung tritt wie beim Umsetzer nur auf, wenn ω_3 die Differenzfrequenz zwischen Pump- und Signalfrequenz ist. Schreibt man die Gl. 9.89,
ohne daß die Blindleitwerte abgestimmt sind, so gilt

$$\underline{I}_{K1} = \underline{U}_1\left(G_i + G_L + jB_1 + j\omega_1 \cdot C_{OO} - \frac{G_C}{1 - j\dfrac{B_3 + \omega_3 \cdot C_{OO}}{G_3}}\right) \qquad (9.93)$$

Setzt man diese Gleichung in Gl. 9.90 ein, so erhält man die Frequenzabhängigkeit des parametrischen Verstärkers. Bei hoher Verstärkung wird
der Verstärker sehr schmalbandig.

9.4 Steuerung

Um Schwingkreise elektronisch statt mechanisch abstimmen zu können,
werden Kapazitätsdioden benutzt. Schon in Kap. 4.5 wurde gezeigt, daß
die nichtlineare Kennlinie der Kapazitätsdiode es ermöglicht, die Grundwellenkapazität C_1 mit der Vorspannung U_O zu verändern. Diese Abhängigkeit wird durch die Steuerkennlinien beschrieben. Auch nichtlineare
Widerstände und Induktivitäten haben Steuerkennlinien. Hier soll im
weiteren nur die Steuerkennlinie der Kapazitätsdiode betrachtet werden.

Schon die Gl. 4.76 auf S.43 zeigte, daß die Steuerkennlinie von der an-
liegenden Amplitude der aussteuernden Größe abhängt. Die Abhängigkeit
ist unerwünscht, da hierdurch eine eindeutige Eichung $C_1 = f(U_O)$ unmög-
lich wird. Praktisch brauchbar sind die Steuerkennlinien nur deshalb,
weil in den meisten Fällen die Abhängigkeit von der Aussteueramplitude
gering ist. Im Kap. 9.4.1 soll diese Abhängigkeit näher betrachtet werden.

Störender kann die Abhängigkeit der Steuerkennlinie nach Gl. 4.77 auf
S.45 sein. Hier führt die Abhängigkeit von der Störsteueramplitude zur
Verstimmung des abzustimmenden Kreises bei der Nutzfrequenz und damit
zum Übersprechen zwischen Stör- und Nutzkanal. Dieser Frage wird im
Kap. 9.4.2 nachgegangen.

9.4.1 Eigensteuerkennlinien

Um die Eigensteuerkennlinie einer Kapazitätsdiode bestimmen zu können,
muß zuerst die Ansteuerart ermittelt werden. Dabei soll von der Schaltung nach Bild 9.23 ausgegangen werden, in der ein Schwingkreis beste-

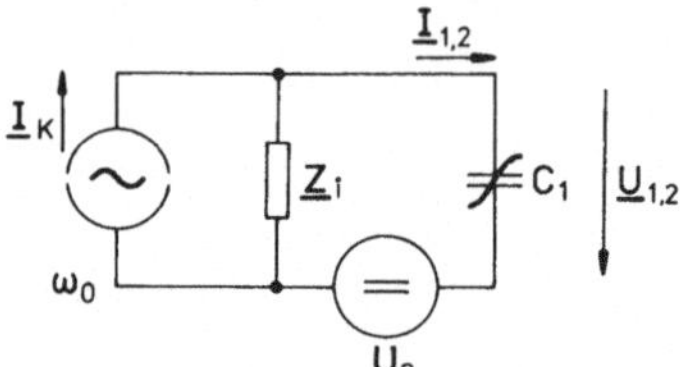

Bild 9.23 Schaltung mit gesteuer-
ter Kapazitätsdiode

hend aus dem überwiegend induktiven Widerstand $\underline{Z}_i$ und der nichtlinearen
Kapazität C_1 von einer Stromquelle mit dem Kurzschlußstrom $\underline{I}_K$ und der
Kreisfrequenz ω_0 gespeist wird. Der Widerstand $\underline{Z}_i$ sei für Gleichstrom
durchlässig, so daß U_0 als Steuerspannung an C_1 liegt. U_0 sei für die
Kreisfrequenz ω_0 eine innenwiderstandsfreie Spannungsquelle. Da über
$\underline{Z}_i$ sonst nichts bekannt ist, wird Ladungsansteuerung mit Berücksichtigung der zweiten Harmonischen angenommen. Dann gilt für die Ladung auf
der Kapazitätsdiode

$$q(t) = Q_0 + \hat{q}_1 \cdot \cos\omega_0 t + \hat{q}_2 \cdot \cos(2\omega_0 t + \alpha) \tag{9.94}$$

Setzt man $q(t)$ in die Gleichung der Kapazitätsdiode

$$U = \frac{1}{C_0}\left(Q - \frac{Q^2}{4C_0\varphi}\right) \tag{9.95}$$

ein, so erhält man

$$U_0 = \frac{Q_0}{C_0} - \frac{1}{4C_0^2\varphi}\left(Q_0^2 + \frac{1}{2}\cdot\hat{q}_1^2 + \frac{1}{2}\cdot\hat{q}_2^2\right) \tag{9.96}$$

$$\underline{U}_1 = \frac{\underline{Q}_1}{C_0} - \frac{1}{4C_0^2\varphi}\left(2\cdot Q_0\cdot\underline{Q}_1 + 2\cdot\underline{Q}_1^*\cdot\underline{Q}_2\right) \tag{9.97}$$

$$\underline{U}_2 = \frac{\underline{Q}_2}{C_0} - \frac{1}{4C_0^2\varphi}\left(2\cdot Q_0\cdot\underline{Q}_2 + \underline{Q}_1^2\right) \tag{9.98}$$

mit $\underline{Q}_1 = \frac{1}{2}\cdot\hat{q}_1$ und $\underline{Q}_2 = \frac{1}{2}\cdot\hat{q}_2\cdot\exp(j\alpha)$.

Für die Ströme in der Kapazitätsdiode gilt $\underline{I}_1 = j\omega_O \cdot \underline{Q}_1$ und $\underline{I}_2 = j2\omega_O \cdot \underline{Q}_2$. Da $\underline{I}_K$ ein oberwellenfreier Strom mit der Kreisfrequenz ω_O ist, muß $\underline{U}_2 = -\underline{I}_2 \cdot \underline{Z}_{i2}$ gelten, wobei $\underline{Z}_{i2}$ der Widerstand von $\underline{Z}_i$ bei der Frequenz $2\omega_O$ ist.

Nimmt man an, daß die Verlustwiderstände in dem Schwingkreis aus $\underline{Z}_i$ und C_1 vernachlässigbar sind, so daß $\underline{Z}_i$ rein imaginär ist, dann kann man auch die Elastanz S_i einführen mit

$$S_{i2} = j2\omega_O \cdot \underline{Z}_{i2} = -\underline{U}_2/\underline{Q}_2 \tag{9.99}$$

S_{i2} ist reell und damit der Winkel α in Gl. 9.94 O oder π. Dann folgt aus Gl. 9.98

$$-S_{i2} = \frac{2C_O\varphi - Q_O}{2C_O^{\,2}\varphi} - \frac{\hat{q}_1^{\,2}}{8C_O^{\,2}\varphi \cdot \hat{q}_2} \tag{9.100}$$

wobei dem Winkel $\alpha = O$ ein positiver Wert von $\hat{q}_2$, für $\alpha = \pi$ ein negativer entspricht. Für die Grundwellenelastanz $S_1 = 1/C_1 = \hat{u}_1/\hat{q}_1$ mit $\hat{u}_1 = 2 \cdot \underline{U}_1$ ergibt sich aus Gl. 9.97

$$S_1 = \frac{2C_O\varphi - Q_O}{2C_O^{\,2}\varphi} - \frac{\hat{q}_2}{4C_O^{\,2}\varphi} \tag{9.101}$$

Aus der Gl. 9.96 folgt

$$\frac{2C_O\varphi - Q_O}{2C_O\varphi} = \sqrt{1 - \frac{U_O}{\varphi} - \frac{\hat{q}_1^{\,2} + \hat{q}_2^{\,2}}{8C_O^{\,2}\varphi^2}} \tag{9.102}$$

Setzt man Gl. 9.102 in Gl. 9.100 und Gl. 9.101 ein und drückt $\hat{q}_2$ durch S_{i2} aus, so ergibt Gl. 9.101 die Eigensteuerkennlinie

$$S_1 = f\left(U_O, \hat{q}_1, S_{i2}\right) \tag{9.103}$$

Normiert man noch S_1 und S_{i2} mit der Kapazität für kleine Aussteueramplituden $C_k = C_O/\sqrt{1 - U_O/\varphi}$, so entfällt in Gl. 9.103 die Abhängigkeit von der Spannung U_O und es ergibt sich

$$y = S_1 \cdot C_k = f(x,s) \tag{9.104}$$

mit $x = \hat{q}_1/q_m$, $q_m = 2C_O\varphi - Q_O$ und $s = S_{i2} \cdot C_k$. q_m ist bei gegebenem Arbeitspunkt Q_O die maximal mögliche Aussteuerung der ideal angenommenen

Kapazitätsdiodenkennlinie in positiver Richtung, bei $q(t) = Q_O + q_m$ erreicht $u(t)$ den Wert φ. Die Gl. 9.104 ist in Bild 9.24 aufgetragen.
Diese Darstellung enthält die Abhängigkeit von der aussteuernden Amplitude $\hat{q}_1$ mit dem Parameter S_{i2}. Man erkennt, daß die Elastanz S_1 mit
wachsender Amplitude etwas absinkt, wie auch schon in Kap. 4.5 gezeigt
wurde. Diese Abhängigkeit bleibt in weiten Bereichen des Parameters s
etwa unverändert. Nur bei Werten von s zwischen -1,2 und -2 ist S_1 nahezu unabhängig von $\hat{q}_1$. In der Nähe von s = -1 ist diese Abhängigkeit
besonders groß. Es sei noch darauf hingewiesen, daß dem Wert $\hat{q}_2 = 0$ der
Parameter $s = \infty$ entspricht. Das ist die Aussteuerabhängigkeit für Ladungsansteuerung ohne Berücksichtigung der zweiten Harmonischen.

Es bleibt nun noch die Frage zu klären, wie hängt der Parameter s mit
der Frequenzabhängigkeit von $\underline{Z}_i$ zusammen. Dazu soll angenommen werden,
daß $\underline{Z}_i$ eine Parallelschaltung aus einer Induktivität L und einer Kapa-

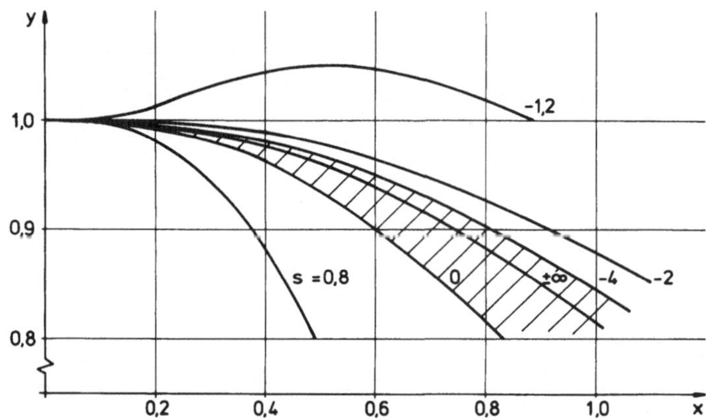

Bild 9.24 Normierte Eigensteuerkennlinien y = f(x,s)

zität C nach Bild 9.25 ist. Hierfür gilt $\underline{Z}_i = j\omega L/(1 - \omega^2 LC)$. Damit wird
der Parameter

$$s = S_{i2} \cdot C_k = j2\omega_O \cdot \underline{Z}_{i2} \cdot C_k = -\frac{4 \cdot \omega_O^2 \cdot LC_k}{1 - 4 \cdot \omega_O^2 \cdot LC} \qquad (9.105)$$

Nimmt man an, daß der Schwingkreis für kleine Aussteueramplituden bei
der Kreisfrequenz ω_O in Resonanz ist, so gilt

$$\omega_O^2 \cdot L\left(C + C_k\right) = 1 \qquad (9.106)$$

Damit ergibt sich

$$s = -\frac{4 \cdot C_k}{C_k - 3 \cdot C}$$
(9.107)

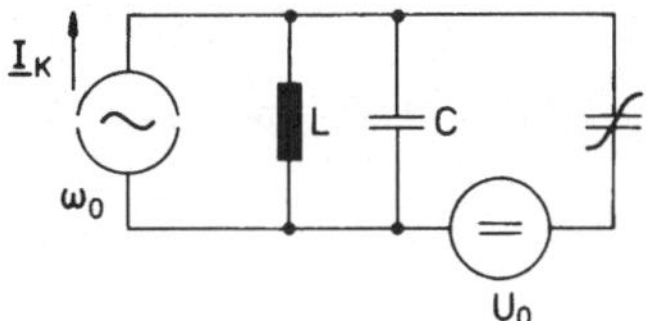

Bild 9.25 Realisierung von $\underline{Z}_i$

Bild 9.26 zeigt die Abhängigkeit s von C/C_k. Man erkennt, daß der Parameter s die Werte zwischen 0 und -4 nicht annehmen kann. Nur der in Bild 9.24 durch Schraffur gekennzeichnete Bereich wird erreicht. Die Werte s = 0 bis -4 treten nur in komplexeren Reaktanzschaltungen von $\underline{Z}_i$ auf.

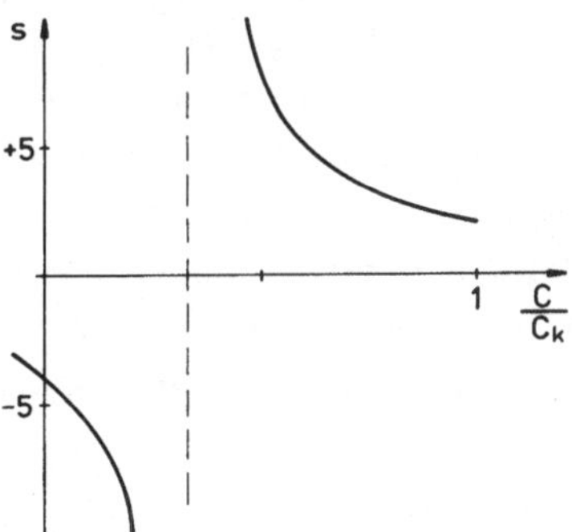

Bild 9.26 Abhängigkeit des Parameters s

9.4.2 Störsteuerkennlinien

Speist man eine Kapazitätsdiode mit den Kreisfrequenzen ω_N und ω_S und sorgt durch Wahl des Innenwiderstandes $\underline{Z}_i$ der speisenden Quellen für Ladungsansteuerung ohne Oberwellengehalt, so gilt für die Ladung auf der Kapazitätsdiode

$$q(t) = Q_0 + \hat{q}_N \cdot \cos\omega_N t + \hat{q}_S \cdot \cos\omega_S t$$
(9.108)

Daraus erhält man nach Einsetzen in die Kapazitätsdiodenkennliniengleichung

$$U_0 = \frac{1}{C_0}\left[Q_0 - \frac{1}{4C_0\varphi}\left(Q_0^2 + \frac{1}{2}\cdot\hat{q}_N^2 + \frac{1}{2}\cdot\hat{q}_S^2\right)\right]$$
(9.109)

$$\hat{u}_{N1} = \frac{1}{C_O} \left[\hat{q}_N - \frac{1}{2C_O\varphi} Q_O \cdot \hat{q}_N \right] \qquad (9.110)$$

$$\hat{u}_{S1} = \frac{1}{C_O} \left[\hat{q}_S - \frac{1}{2C_O\varphi} Q_O \cdot \hat{q}_S \right] \qquad (9.111)$$

Aus Gl. 9.109 und Gl. 9.110 folgt die Grundwellenkapazität

$$C_N = \hat{q}_N/\hat{u}_{N1} = C_O \Bigg/ \sqrt{1 - \frac{U_O}{\varphi} - \frac{\hat{q}_N^2 + \hat{q}_S^2}{8C_O^2\varphi^2}} \qquad (9.112)$$

Gehört die Kapazität C_N zu einem Schwingkreis, der auf die Nutzkreis-
frequenz ω_N abgestimmt ist, so wird der Schwingkreis durch Verändern
der Störamplitude $\hat{q}_S$ verstimmt.

Ist das Störsignal $q_S(t)$ amplitudenmoduliert, so erfolgt die Verstimmung des Schwingkreises im Takte des Modulationsinhaltes des Störsignals. Liegt die Trägerfrequenz des Nutzsignals $q_N(t)$ auf der Resonanzfrequenz des Schwingkreises, so wird die Amplitude $\hat{u}_{N1}$, die auch am
Schwingkreis liegt, sich kaum durch die Verstimmung ändern, da dort die
Resonanzkurve flach verläuft. Liegt dagegen die Trägerfrequenz des Nutzsignals auf der Flanke der Resonanzkurve des Schwingkreises, dann folgt
die Amplitude $\hat{u}_{N1}$ der Verstimmung und übernimmt den Modulationsinhalt
des Störsignals. Das Störsignal spricht auf das Nutzsignal über.

Arbeitet der Empfänger des Nutzsignals auf Phasendemodulation, dann entsteht auch bei richtiger Abstimmung der Nutzsignalträgerfrequenz auf
die Schwingkreisresonanzfrequenz Übersprechen, da der Phasengang des
Schwingkreises gerade bei der Resonanzfrequenz einen ansteigenden Verlauf hat. Ist das Störsignal frequenzmoduliert, so wird die Frequenzmodulation durch den Schwingkreis in Amplitudenmodulation umgewandelt.
Denn die Tägerfrequenz des Störsignals wird im näheren oder weiteren
Bereich der Flanke der Schwingkreisresonanzkurve liegen. Diese Amplitudenmodulation des Störsignals spricht dann auf das Nutzsignal über, genauso wie eben erläutert.

Glücklicherweise braucht das Nebensprechen bei Abstimmkapazitätsdioden
kaum beachtet zu werden, da ihre Aussteuerungsabhängigkeit gering ist,
wie schon in Abschnitt 9.4.1 gesagt wurde. Welche Größe die Amplituden-
abhängigkeit von C_N annehmen kann, zeigt Bild 9.27. Dort ist $y = C_k/C_N$
in Abhängigkeit von $\hat{q}_S/q_m$ aufgetragen, wobei die Störfrequenzamplitude

$\hat{q}_S$ sehr groß gegen die Nutzfrequenzamplitude $\hat{q}_N$ angenommen ist. q_m ist
wie in Kap. 9.4.1 die maximale Aussteueramplitude beim Arbeitspunkt Q_O
und C_k die Kapazität der Diode bei kleiner Aussteuerung. Um ausreichen-
de Übereinstimmung berechneter und gemessener Kurven zu erreichen, muß-
ten hier in der Ansteuerung $q(t)$ die Anteile bei der Summenfrequenz
$\omega_N + \omega_S$ und der Differenzfrequenz $\omega_N - \omega_S$ berücksichtigt werden. Dagegen
konnten die Amplituden bei den Frequenzen $2\omega_S$ und $2\omega_N$ vernachlässigt
werden. Bei der Berücksichtigung der Summen- und Differenzfrequenz wurde angenommen, daß die Kapazitätsdiode parallel zu einem verlustlosen
Parallelschwingkreis geschaltet ist und der gesamte Schwingkreis bei
der Nutzfrequenz ω_N in Resonanz ist. Die Störfrequenz ω_S weicht, wie
in Bild 9.27 angegeben, von ω_N ab.

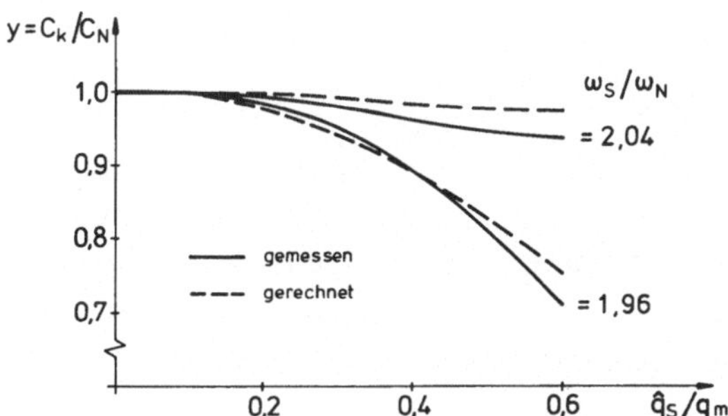

Bild 9.27 Störsteuerkennlinien

9.5 Frequenzerzeugung

Oszillatorschaltungen zur Erzeugung von Frequenzen besitzen entweder
ein Bauelement mit nichtlinearer Strom-Spannungskennlinie und instabilem Ast oder einen Verstärker mit Rückkopplung. Alle einfachen Oszillatoren lassen sich durch die van der Pol'sche Differentialgleichung
(Gl. 5.28) oder ähnliche Gleichungen beschreiben. Die grafische Lösung
dieser Gleichungen erfolgt mit Hilfe der Methode der Phasenebene (Kap.
5.2.2). Oft wird aber nur die stationäre Lösung der van der Pol'schen
Differentialgleichung nach Abklingen der Anschwingungsvorgänge benötigt, das ist die zum Grenzzyklus in der Phasenebenendarstellung gehö-
rende Zeitfunktion $x(t)$. Diese ist auf jeden Fall eine periodische Funktion und kann durch die Fourierreihe

$$x(t) = \sum_{v} A_v \cdot \exp(jv\omega t) \tag{9.113}$$

beschrieben werden. Gesucht sind die Kreisfrequenz ω und die komplexen Amplituden A_ν des Oszillators. Aus der Symmetrie der Isoklinen der van der Pol'schen Differentialgleichung folgt $A_\nu = 0$ für alle geradzahligen Indizes ν. Beschränkt man sich auf $\nu = -3$, -1, 1, 3 und setzt $x(t)$ in die Gl. 5.28 ein, so ergibt sich nach Trennung in Glieder mit $\exp(j\omega t)$ und $\exp(j3\omega t)$, so wie Weglassung aller übrigen Glieder

$$A_1\left[1 - \omega^2 - j\varepsilon\omega\left(1 - |A_1|^2 - 2|A_3|^2\right)\right] = -j\varepsilon\omega A_1^{*2}\cdot A_3 \qquad (9.114)$$

$$A_3\left[1 - 9\omega^2 - j3\varepsilon\omega\left(1 - 2|A_1|^2 - |A_3|^2\right)\right] = -j\varepsilon\omega A_1^{\,3} \qquad (9.115)$$

Diese beiden Gleichungen lassen sich iterativ lösen. Aus Gl. 9.114 folgt bei $A_3 = 0$:

$$1 - \omega^2 - j\varepsilon\omega\left(1 - |A_1|^2\right) = 0 \qquad (9.116)$$

und damit

$$\omega = 1 \quad , \quad |A_1| = 1 \quad , \quad \text{Phase von } A_1 \text{ beliebig.}$$

Dieses Ergebnis entspricht dem Radius $x = 2$ des Grenzzyklus in Bild 5.12, da für die Oszillatorschwingungsamplitude $\hat{x} = 2|A_1|$ gilt. Genügt diese erste Näherung nicht, so kann man $\omega = 1$ und $A_1 = 1$ in Gl. 9.115 einsetzen und erhält

$$A_3\left[8 - j3\varepsilon\left(1 + |A_3|^2\right)\right] = j\varepsilon \qquad (9.117)$$

und damit die Amplitude A_3 für folgende Werte von ε

ε	0	0,2	5	∞
A_3	0	$0,0247\cdot e^{j1,646}$	$0,27\cdot e^{j2,68}$	$-0,305$

Diese für A_3 gefundenen Werte kann man wieder in Gl. 9.114 einsetzen und erhält verbesserte Werte für ω und A_1 usw. . Bei den weiteren Iterationsschritten ist zu beachten, daß höhere Genauigkeiten sinnlos sind, solange A_5 und weitere Harmonische vernachlässigt wurden. Diese müssen bei weiteren Iterationsschritten über entsprechende Gleichungen einbezogen werden.

Beim Aufbau von Oszillatorschaltungen ist auf den Unterschied der zwei möglichen Strom-Spannungskennlinien mit instabilem Ast, wie sie Bild 9.28 zeigt, zu achten [14]. Die B-Kennlinie, als leerlaufstabile Kenn-

linie sollte mit einem Reihenschwingkreis, die D-Kennlinie, als kurz-
schlußstabile Kennlinie mit einem Parallelschwingkreis zur Oszillatorschaltung verbunden werden.

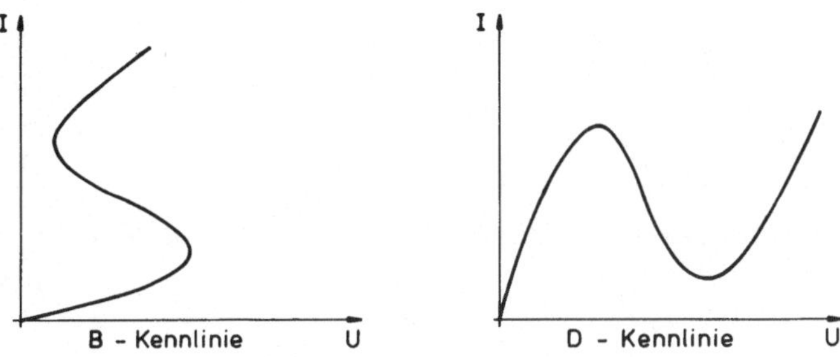

Bild 9.28 Strom-Spannungskennlinien mit instabilem Ast

Die Schwingungserzeugung durch Rückkopplung über einen Verstärker erfolgt im Prinzip in einer Oszillatorschaltung nach Bild 9.29. Der Verstärker hat dabei eine lineare Kennlinie $i_2 = f(u_1)$ mit der Steilheit
S und einer Begrenzung bei $|i_2| = I_S$ (Bild 9.30). An einer sehr groß

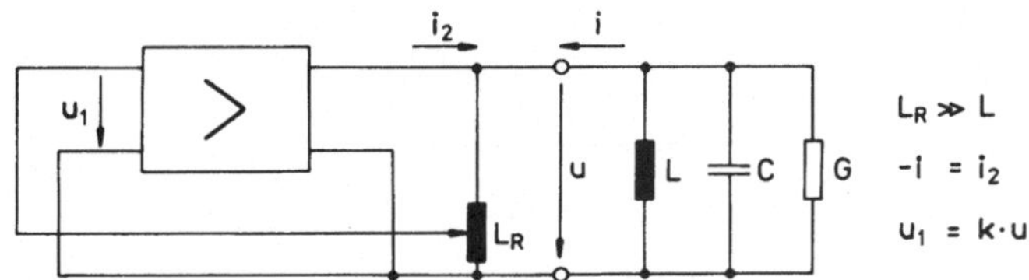

Bild 9.29 Rückgekoppelter Verstärker

gedachten Induktivität L_R wird eine Teilspannung $u_1 = k\cdot u$ abgegriffen
und auf den Verstärkereingang rückgekoppelt. Der rückgekoppelte Verstärker läßt sich durch die Strom-Spannungskennlinie $i = f(u)$ nach Bild
9.31 erfassen, die bereichsweise negative Steigung hat und den Schwingkreis entdämpft. Die Differentialgleichung dieser Anordnung kann mit
der Methode der Phasenebene gelöst werden. Wichtiger ist aber die stationäre Lösung. Diese ergibt sich aus einer Beschreibung der nichtlinearen Kennlinie nach Bild 9.31 mit der Hilfe der harmonischen Analyse
(Kap. 2.3). Bei $u(t) = \hat{u}_1 \cdot \cos \omega t$ kann man für $i = f(u)$ die Grundwellen-
amplitude $\hat{i}_1$ von $i(t)$ bestimmen. Bild 9.32 zeigt $\hat{i}_1 = f(\hat{u}_1)$. Damit gilt
für die Oszillatorschaltung nach Bild 9.29

$$\underline{U}_1\left(G + j\omega C + \frac{1}{j\omega L}\right) - S_1 \cdot \underline{U}_1 = 0 \tag{9.118}$$

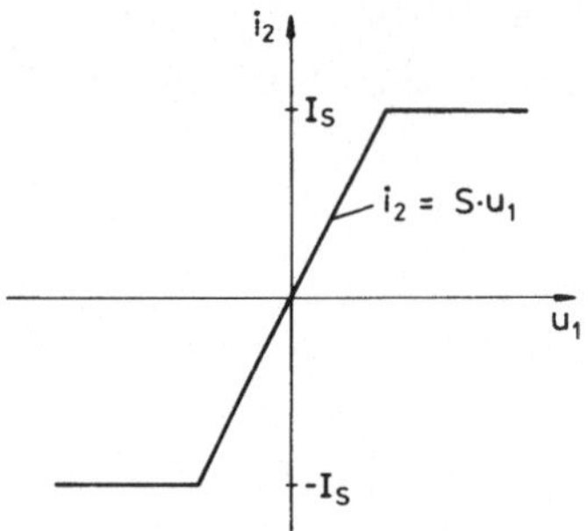

Bild 9.30 Verstärkerkennlinie

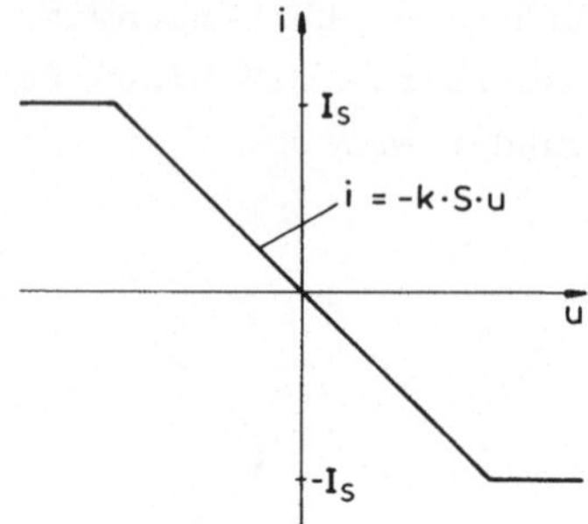

Bild 9.31 Kennlinie des rück-
          gekoppelten Verstärkers

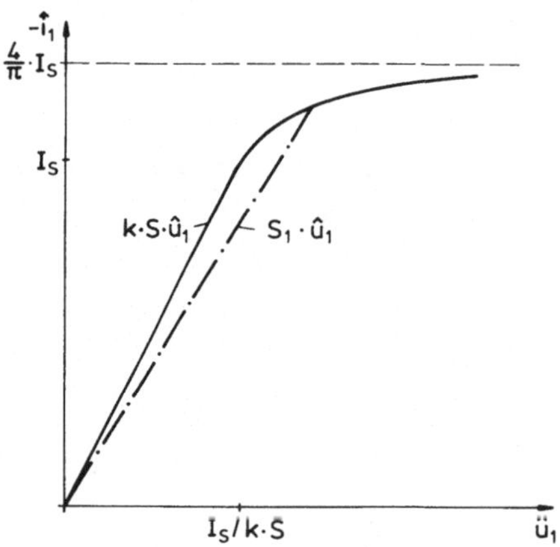

Bild 9.32 Beschreibungsfunktion

$\omega_0 = 1/\sqrt{LC}$ ist die Frequenz, bei der sich der Oszillator selbsterregt.
$S_1 = G$ legt die Amplitude $\hat{u}_1$ fest, wie in Bild 9.32 zu erkennen ist.
Eine Selbsterregung ist nur möglich, wenn $G < k \cdot S$ ist. Die Kennlinie
nach Bild 9.32 wird auch als Beschreibungsfunktion [3] oder Schwing-
kennlinie bezeichnet.

Um die Frequenz einer Oszillatorschaltung, die Leistung abgeben soll,
ausreichend konstant zu halten, verwendet man Mitnahmeoszillatoren. Der
belastete Oszillator wird von einem frequenzkonstanten Oszillator angesteuert. Bild 9.33 zeigt das Prinzip. Der Oszillator erregt sich ohne

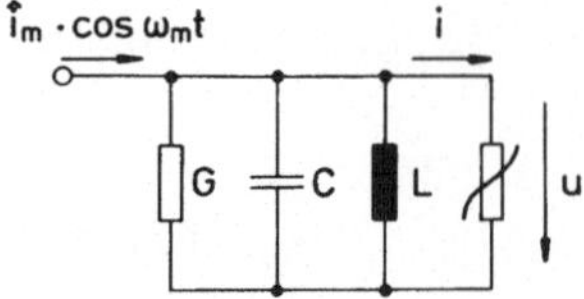

Bild 9.33 Mitnahmeoszillator

Mitnahme auf der Frequenz $\omega_0 = 1/\sqrt{LC}$. Der Mitnahmestrom $\hat{i}_m \cdot \cos\omega_m t$ hält ihn bei ausreichender Amplitude $\hat{i}_m$ auf der Frequenz ω_m fest. Die Kennlinie des entdämpfenden nichtlinearen Widerstandes sei $I = -a\cdot U + b\cdot U^3$.

Zur Bestimmung der stationären Lösung geht man davon aus, daß die Spannung $u(t)$ sowohl eine selbsterregte Frequenz ω als auch die mitnehmende Frequenz ω_m enthält.

$$u(t) = \underline{U}\cdot\exp(j\omega t) + \underline{U}^*\cdot\exp(-j\omega t) + \underline{U}_m\cdot\exp(j\omega_m t) + \underline{U}_m^*\cdot\exp(-j\omega_m t) \quad (9.119)$$

Mit dem Mitnahmestrom

$$\hat{i}_m \cdot \cos\omega_m t = \tfrac{1}{2}\left[\underline{I}_m\cdot\exp(j\omega_m t) + \underline{I}_m^*\cdot\exp(-j\omega_m t)\right] \quad (9.120)$$

ergibt sich aus der Schaltung nach Bild 9.33 für die Frequenzen ω_m und ω

$$\underline{I}_m = \left[-a + b\left(3|\underline{U}_m|^2 + 6|\underline{U}|^2\right) + \frac{1}{j\omega_m L} + j\omega_m C + G\right]\underline{U}_m \quad (9.121)$$

$$0 = \left[-a + b\left(3|\underline{U}|^2 + 6|\underline{U}_m|^2\right) + \frac{1}{j\omega L} + j\omega C + G\right]\underline{U} \quad (9.122)$$

Gl. 9.122 liefert zwei Lösungen für die Amplitude der selbsterregten Schwingung

$$|\underline{U}|^2 = \frac{a - G}{3b} - 2|\underline{U}_m|^2 , \quad \omega = \omega_0 \quad (9.123)$$

bei $0 < |\underline{U}_m|^2 < (a-G)/6b$

oder $|\underline{U}| = 0$ $\hspace{8cm}$ (9.124)

bei $|\underline{U}_m|^2 > (a-G)/6b$.

Bei der Lösung nach Gl. 9.123 enthält die Ausgangsspannung die Frequenzen ω_0 und ω_m. Dies wird als instabiler Fall bezeichnet. Bei der Lösung nach Gl. 9.124 tritt nur die Frequenz ω_m auf. Der stabile Fall entspricht der gewünschten Mitnahme.

Aus Gl. 9.121 läßt sich für beide Lösungen die Abhängigkeit der Amplitude $|\underline{U}_m|$ von der Verstimmung $\omega_m - \omega_0$ angeben, Parameter ist der Mitnahmestrom $|\underline{I}_m|$ (Bild 9.34). Der Wert $|\underline{U}_m|^2 = (a-G)/6b$ trennt den Mitnahmebereich vom Selbsterregungsfall. Aber bei kleinen Werten von $|\underline{I}_m|$ sind die Mitnahmekennlinien teilweise instabil.

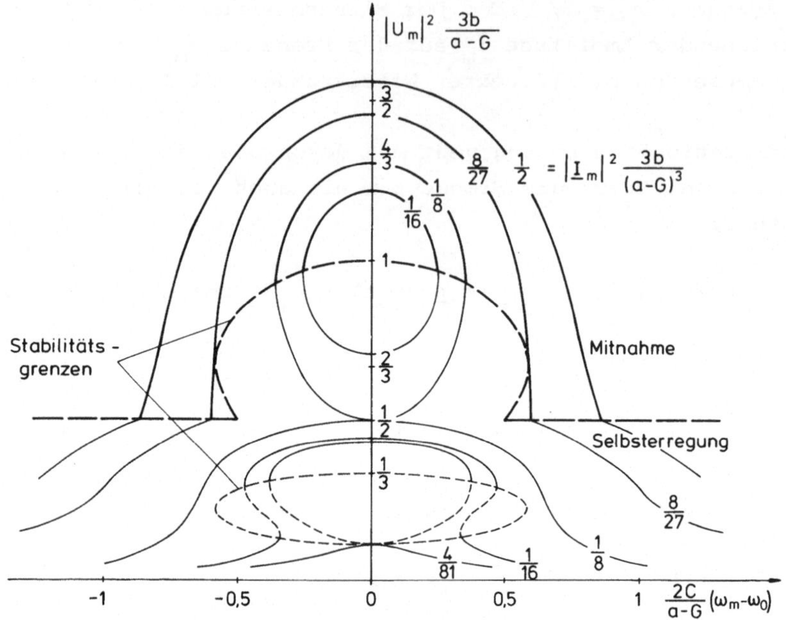

Bild 9.34 Mitnahmekennlinien

10 Nichtlineare Verzerrungen

Während in Kap. 9 die Anwendungen nichtlinearer Bauelemente dargestellt
wurden, sollen in diesem Kapitel die Verzerrungen als unerwünschte Folgen nichtlinearen Verhaltens von Bauelementen behandelt werden. Für Verstärker, Modulatoren und Demodulatoren werden lineare Kennlinien ange-
strebt. Das gelingt jedoch nur mit mehr oder weniger guter Näherung. Im
allgemeinen lassen sich aber diese Nichtlinearitäten hinreichend genau
schon durch eine Potenzkennlinie, die nach dem quadratischen oder kubischen Glied abgebrochen werden kann, erfassen. Durch nichtlineare Kennlinien entstehen Oberwellen und Kombinationsfrequenzen, die das Signal
verzerren. Diese Erscheinungen sollen im Kap. 10.1 betrachtet werden.
Beim Auftreten nichtlinearer Verzerrungen in Frequenzmultiplexsystemen
entsteht Nebensprechen zwischen den Kanälen, das in Kap. 10.2 behandelt
werden soll. In Kap. 10.3 soll gezeigt werden, daß es durch geeignete
Gegenkopplung möglich ist, gedächtnisbehaftete nichtlineare Systeme zu
linearisieren.

10.1 Verzerrungen durch nichtlineare Kennlinien

Ein Verstärker mit nichtlinearer Potenzkennlinie, die nach dem kubischen
Glied abbricht, liefert bei der Eingangsspannung u_1 eine Ausgangsspannung

$$u_2(t) = k_1 \cdot u_1(t) + k_2 \cdot u_1^2(t) + k_3 \cdot u_1^3(t) \qquad (10.1)$$

Dabei ist Voraussetzung, daß der Verstärker gedächtnisfrei, d.h. so
breitbandig ist, daß in dem Signal $u_2(t)$ keine linearen Verzerrungen
auftreten. Andernfalls muß die Gl. 10.1 durch Darstellungen ersetzt werden, die in den nichtlinearen Systemen in Kap. 6 eingeführt wurden. Wenn
für das Eingangssignal $u_1(t)$ das Amplitudendichtespektrum als Fouriertransformierte $U_1(f) \bullet\!\!-\!\!-\!\!\circ u_1(t)$ bekannt ist, so gilt für das quadratische Glied $u_1^2(t) \circ\!\!-\!\!-\!\!\bullet U_1 * U_1$ und das kubische Glied $u_1^3(t) \circ\!\!-\!\!-\!\!\bullet$

$U_1 * U_1 * U_1$. Das Bild 10.1 zeigt für ein gewähltes Eingangsspektrum $U_1(f)$ die Ausgangsspektren. Dabei ist $U_1(f)$ hinreichend schmalbandig gehalten und liegt in der Umgebung einer Frequenz f_T, so daß keine Überlappungen mit den verzerrenden Spektren entstehen. Man erkennt, daß die verzerrenden Spektren breitbandiger als das Eingangsspektrum sind und eine andere Frequenzabhängigkeit zeigen. Liegt die Bandbreite des Eingangssignals innerhalb einer Frequenzoktave, ist also die obere Grenzfrequenz f_O kleiner als $2 \cdot f_u$, wobei f_u die untere Grenzfrequenz ist, dann liefert das quadratische Glied nur Frequenzen außerhalb des Frequenzbandes des Eingangssignals. Diese Verzerrungen lassen sich in diesem Fall durch ein geeignetes lineares Filter unterdrücken, das nur das verstärkte Eingangssignal durchläßt. Das kubische Glied erzeugt Frequenzen, die im Bereich des Eingangssignalspektrums liegen und daher nicht in dieser Weise unterdrückt werden können.

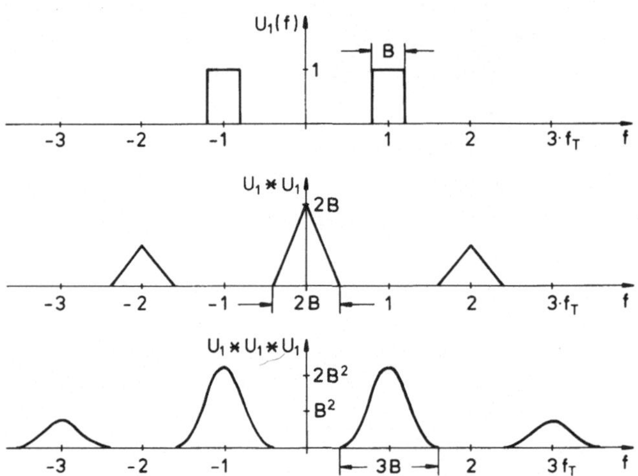

Bild 10.1 Spektrum des linearen, quadratischen und kubischen Gliedes

Bei der Frequenzumsetzung, der Amplitudenmodulation und der Frequenzmodulation strebt man lineare Umsetzungs- bzw. Modulationskennlinien an. Die Umsetzung bzw. Modulation erzeugende Kennlinie muß aber nichtlinear sein. Daher gelingt es im allgemeinen auch nur, die Umsetzungs- bzw. Modulationskennlinie für einen gewissen Aussteuerbereich näherungsweise linear zu halten. In [15.1] wird die Berechnung einer nichtlinearen Modulationskennlinie gezeigt, die aus einer nichtlinearen Kennlinie zur Erzeugung von Amplitudenmodulation entsteht.

Nichtlineare Verzerrungen können bei Amplituden- und Frequenzmodulation auch trotz linearer Modulations- und Demodulationskennlinien entstehen, wenn das modulierte Signal durch einen Übertragungsfrequenzgang linear verzerrt wird. Bei Amplitudenmodulation, Hüllkurvendemodulation und einem Frequenzgang, der unsymmetrisch zur Trägerfrequenz liegt, lassen sich die entstehenden Verzerrungen berechnen [15.2]. Bei Frequenzmodulation ergeben sich durch unterschiedliche Bedämpfung der höheren im Verhältnis zu den niederen Seitenbändern nichtlineare Verzerrungen hinter einem linearen Diskriminator [15.2].

10.2 Nebensprechen durch nichtlineare Verzerrungen

Das Eingangssignal eines Frequenzmultiplexsystems läßt sich durch

$$u_1(t) = \sum_{v=1}^{n} \hat{u}_v \cdot \cos \omega_v t \qquad (10.2)$$

beschreiben, wobei die Kanäle des Multiplexsystems durch den Index v gekennzeichnet sind und in jedem Kanal nur eine Frequenz ω_v angenommen wird. Ein Verstärker mit nichtlinearer Potenzkennlinie erzeugt daraus das quadratische Glied

$$k_2 \cdot \hat{u}_1^{\,2}(t) = k_2 \sum_{\mu=1}^{n} \sum_{v=1}^{n} \hat{u}_\mu \cdot \hat{u}_v \cdot \cos \omega_\mu t \cdot \cos \omega_v t$$

$$= \frac{1}{2} k_2 \sum_{\mu=1}^{n} \sum_{v=1}^{n} \hat{u}_\mu \cdot \hat{u}_v \left[\cos(\omega_\mu + \omega_v)t + \cos(\omega_\mu - \omega_v)t \right] \qquad (10.3)$$

Man erkennt für $\mu = v$ die Frequenz Null und die doppelten Frequenzen wieder, die schon in Bild 10.1 in den Spektren für das quadratische Glied zu sehen waren.

Das kubische Glied liefert

$$k_3 \cdot \hat{u}_1^{\,3}(t) = k_3 \sum_{\lambda=1}^{n} \sum_{\mu=1}^{n} \sum_{v=1}^{n} \hat{u}_\lambda \cdot \hat{u}_\mu \cdot \hat{u}_v \cdot \cos \omega_\lambda t \cdot \cos \omega_\mu t \cdot \cos \omega_v t$$

$$= \frac{1}{4} k_3 \sum_{\lambda=1}^{n} \sum_{\mu=1}^{n} \sum_{v=1}^{n} \hat{u}_\lambda \cdot \hat{u}_\mu \cdot \hat{u}_v \left[\cos(\omega_\lambda + \omega_\mu + \omega_v)t \right. \qquad (10.4)$$

$$\left. + 3\cos(\omega_\lambda - \omega_\mu + \omega_v)t \right]$$

Hierbei entstehen bei $\lambda = \mu = \nu$ die dreifachen Frequenzen und die Eingangsfrequenz, sowie aus dem Glied mit der Frequenz $\omega_\lambda - \omega_\mu + \omega_\nu$ bei $\lambda = \nu \neq \mu$ die sogenannten Intermodulationsfrequenzen und bei $\lambda \neq \mu \neq \nu$ die sogenannten Kreuzmodulationsfrequenzen. Liegen die Eingangsfrequenzen ω_λ, ω_μ, ω_ν, wie in Frequenzmultiplexsystemen üblich, nahe beisammen, dann fallen die Intermodulations- und Kreuzmodulationsfrequenzen in den Frequenzbereich des Frequenzmultiplexsystems und erzeugen Nebensprechen zwischen den Kanälen. Für $\lambda = \nu = 2$ und $\mu = 1$ zeigt Bild 10.2 die entsprechende Amplitude der Intermodulationsfrequenz, die im 3. Kanal ein Signal erzeugt, das aus dem 1. und 2. Kanal stammt. In Bild 10.3 sind die Frequenzen f_1 und f_2 Trägerfrequenzen in zwei Kanälen des Multiplexsignals. Die Frequenz f_3 ist ein Seitenband des Trägers f_1. Dann entsteht bei $\lambda = 3$, $\mu = 1$, $\nu = 2$ und $\lambda = 2$, $\mu = 1$, $\nu = 3$ eine Störamplitude bei der Frequenz $f_3 - f_1 + f_2$, die ein Seitenband des Trägers f_2 darstellt. Dieser erscheint also mit der Signalfrequenz $f_3 - f_1$ moduliert und hat damit den Modulationsinhalt aus dem Kanal 1 in den Kanal 2 übernommen. Dieses durch Kreuzmodulation entstehende verständliche Nebensprechen ist eine besonders kritische Folge der nichtlinearen Verzerrungen und stellt die stärksten Anforderungen an die Einhaltung der Linearität.

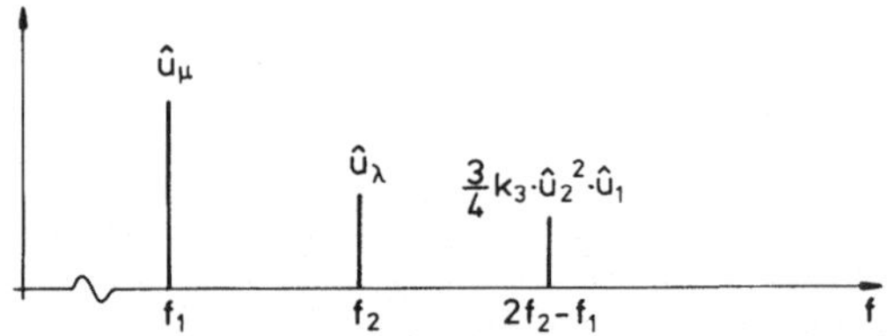

Bild 10.2 Intermodulation bei $2f_2 - f_1$

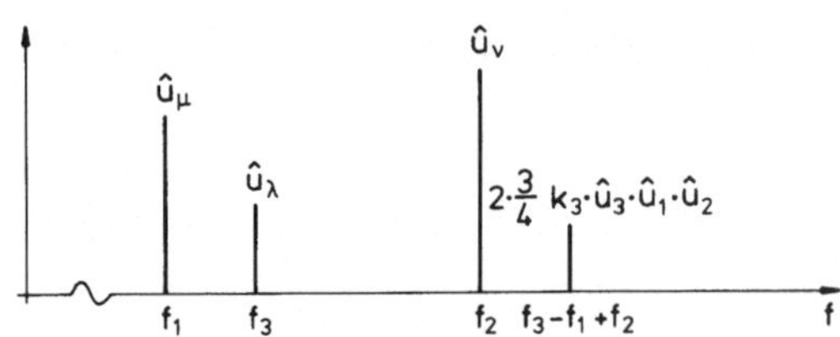

Bild 10.3 Kreuzmodulation bei $f_3 - f_1 + f_2$

Die kubischen Verzerrungen bestimmen wesentlich die sogenannte Großsignalfestigkeit eines Empfängers. Es entstehen Verzerrungen des Signals im eigenen Kanal, bezeichnet als Intrakanalmodulation, und Störfrequenzen in Nachbarkanälen, bezeichnet als Interkanalmodulation [16]. Die

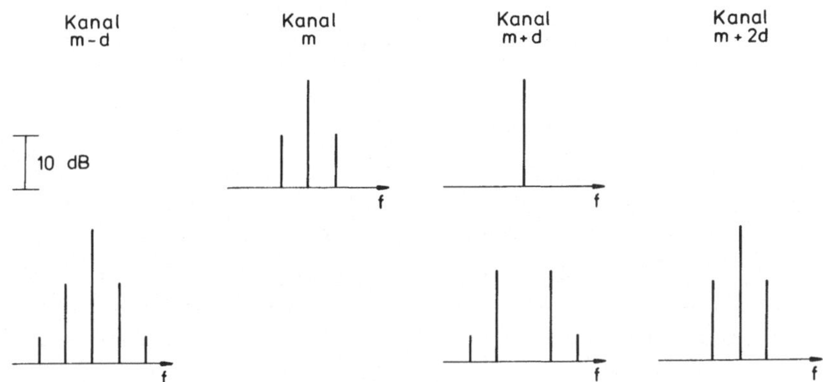

Bild 10.4 Störungen durch Interkanalmodulation

Intrakanalmodulation ergibt Signalverzerrungen, während die Interkanalmodulation zu verständlichem Nebensprechen führen kann. Bild 10.4 zeigt,
welche Störfrequenzlinien entstehen, wenn auf den Empfänger gleichzei-
tig im Kanal m ein doppelseitenbandamplitudenmoduliertes Signal und
im Kanal m + d ein gleichstarker Träger ohne Modulation trifft. Es entsteht Nebensprechen in den Kanälen m − d, m + d und m + 2d. Die Größe der
Störungen ist nur relativ aufgetragen, ihre Absolutwerte hängen vom kubischen Verzerrungsfaktor k_3 ab.

Diese Überlegungen gelten alle für gedächtnisfreie nichtlineare Systeme.
Die nichtlineare Kennlinie eines einzelnen Verstärkers ist im allgemeinen auch gedächtnisfrei. Aber viele Verstärker, besonders wenn es sich
um ZF- oder HF-Verstärker handelt, bestehen aus der Hintereinander-
schaltung mehrerer Verstärker, wobei zwischen den Verstärkern lineare
Filter liegen, die zusammen bei kleiner Aussteueramplitude einen gewünschten Frequenzgang, meist eine Bandfiltercharakteristik ergeben.
Bei großen Amplituden entstehen in den Verstärkerstufen nichtlineare
Verzerrungen, die jeweils nur von den Teilübertragungsfaktoren beeinflußt werden. So entstehen für die Störfrequenzen (Kreuzmodulation oder
Intermodulation) andere Frequenzabhängigkeiten als für das Nutzsignal.
Ein solcher Verstärker ist ein gedächtnisbehaftetes nichtlineares Sy-
stem und läßt sich daher mit den Methoden von Kap. 6 behandeln [17].

Am Beispiel eines zweistufigen Verstärkers soll gezeigt werden, wie ein
Signal im Kanal der Frequenz f_b einen anderen Kanal bei der Frequenz f_a
durch Nebensprechen stört. Bild 10.5 zeigt den Verstärker. Die Spannung
$u_0(t)$ wird dargestellt durch die Größen $\underline{U}_{0a}$ bei der Frequenz f_a und $\underline{U}_{0b}$
bei f_b und zwar soll gelten

$$u_0(t) = \underline{U}_{Oa} \cdot e^{j\omega_a t} + \underline{U}_{Oa}^* \cdot e^{-j\omega_a t} + \underline{U}_{Ob} \cdot e^{j\omega_b t} + \underline{U}_{Ob}^* \cdot e^{-j\omega_b t} \tag{10.5}$$

Dann enthält $u_1(t)$ die Größen $\underline{U}_{1a} = \underline{U}_{Oa} \cdot W_1(f_a)$ und $\underline{U}_{1b} = \underline{U}_{Ob} \cdot W_1(f_b)$. Die Spannung $u_2(t)$ hinter dem Verstärker I enthält $k_{11} \cdot \underline{U}_{1a}$, $k_{11} \cdot \underline{U}_{1b}$, $6 \cdot k_{13} |\underline{U}_{1b}|^2 \cdot \underline{U}_{1a}$ und $2 \cdot k_{12} (\underline{U}_{1a} \cdot \underline{U}_{1b} + \underline{U}_{1a} \cdot \underline{U}_{1b}^* + |\underline{U}_{1b}|^2)$. Weitere Glieder in $u_2(t)$ wurden weggelassen, da sie wie z.B. $k_{12}(\underline{U}_{1a}^2 + \underline{U}_{1b}^2 + 2|\underline{U}_{1a}|^2)$ und $3 \cdot k_{13}(\underline{U}_{1a}^2 \cdot \underline{U}_{1b}^* + \underline{U}_{1b}^2 \cdot \underline{U}_{1a}^* + |\underline{U}_{1a}|^2 \cdot \underline{U}_{1a} + 2|\underline{U}_{1a}|^2 \cdot \underline{U}_{1b})$ hinter dem Verstärker II keine Glieder bei der Frequenz f_a liefern oder nur solche, die nicht von $\underline{U}_{1b}$ abhängen, oder die vernachlässigbar klein sind. Weggelassen wurden auch Glieder bei den Frequenzen $3f_a$, $3f_b$, $2f_a + f_b$, $2f_b + f_a$, da angenommen wird, daß $W_2(f)$ ein Tiefpaß ist, der oberhalb der Frequenz $f_a + f_b$ sperrt. Die Glieder von $u_3(t)$ hinter dem Filter $W_2(f)$ werden vom Verstärker II nichtlinear verzerrt. Von den entstehenden Mischprodukten werden nur solche berücksichtigt, die die Koeffizienten $k_{11} \cdot k_{21}$, $k_{11} \cdot k_{23}$, $k_{13} \cdot k_{21}$ und $k_{11} \cdot k_{12} \cdot k_{22}$ enthalten. Die übrigen, wie z.B. die mit $k_{13} \cdot k_{23}$, $k_{11} \cdot k_{12} \cdot k_{23}$ u.a.m., werden als vernachlässigbar klein weggelassen. Die verbleibenden Glieder lassen sich durch das Ersatzbild 10.6 darstellen. Daraus folgt mit $W_1(f) \cdot W_2(f) \cdot W_3(f) = W(f)$

$$\begin{aligned}
\underline{U}_{5a} = \underline{U}_{Oa} \Big\{ &W_1(f_a) \cdot k_{11} \cdot W_2(f_a) \cdot k_{21} \cdot W_3(f_a) \\
&+ 6\Big[k_{13} \cdot k_{21} + k_{11} \cdot k_{23} |k_{11} \cdot W_2(f_b)|^2\Big] |W_1(f_b)|^2 \cdot W(f_a) |\underline{U}_{Ob}|^2 \\
&+ 4\, k_{11} \cdot W_1(f_a) \cdot W_3(f_a) \cdot \\
&\Big[W_2(0) \cdot W_2(f_a) + W_2^*(f_b) \cdot W_2(f_a+f_b) + W_2(f_b) \cdot W_2(f_a-f_b)\Big] \cdot \\
&k_{22} \cdot k_{12} |W_1(f_b)|^2 |\underline{U}_{Ob}|^2 \Big\}
\end{aligned} \tag{10.6}$$

Führt man die Verstärkung $V = k_{11} \cdot k_{21} \cdot W(f_a)$ ein, so ergibt sich mit $\hat{u} = 2|\underline{U}|$

$$\begin{aligned}
\hat{u}_{5a} = V \cdot \hat{u}_{Oa} \Big\{ &1 + \frac{3}{2}\Big(\frac{k_{13}}{k_{11}} + \frac{k_{23}}{k_{21}} |W_2(f_b) \cdot k_{11}|^2\Big) |W_1(f_b)|^2 \cdot \hat{u}_{Ob}^2 \\
&+ \frac{k_{22} \cdot k_{12}}{k_{21}} \Big(W_2(0) + \frac{W_2^*(f_b)}{W_2(f_a)} W_2(f_a+f_b) + \frac{W_2(f_b)}{W_2(f_a)} W_2(f_a-f_b)\Big) \\
&\cdot |W_1(f_b)|^2\, \hat{u}_{Ob}^2 \Big\}
\end{aligned} \tag{10.7}$$

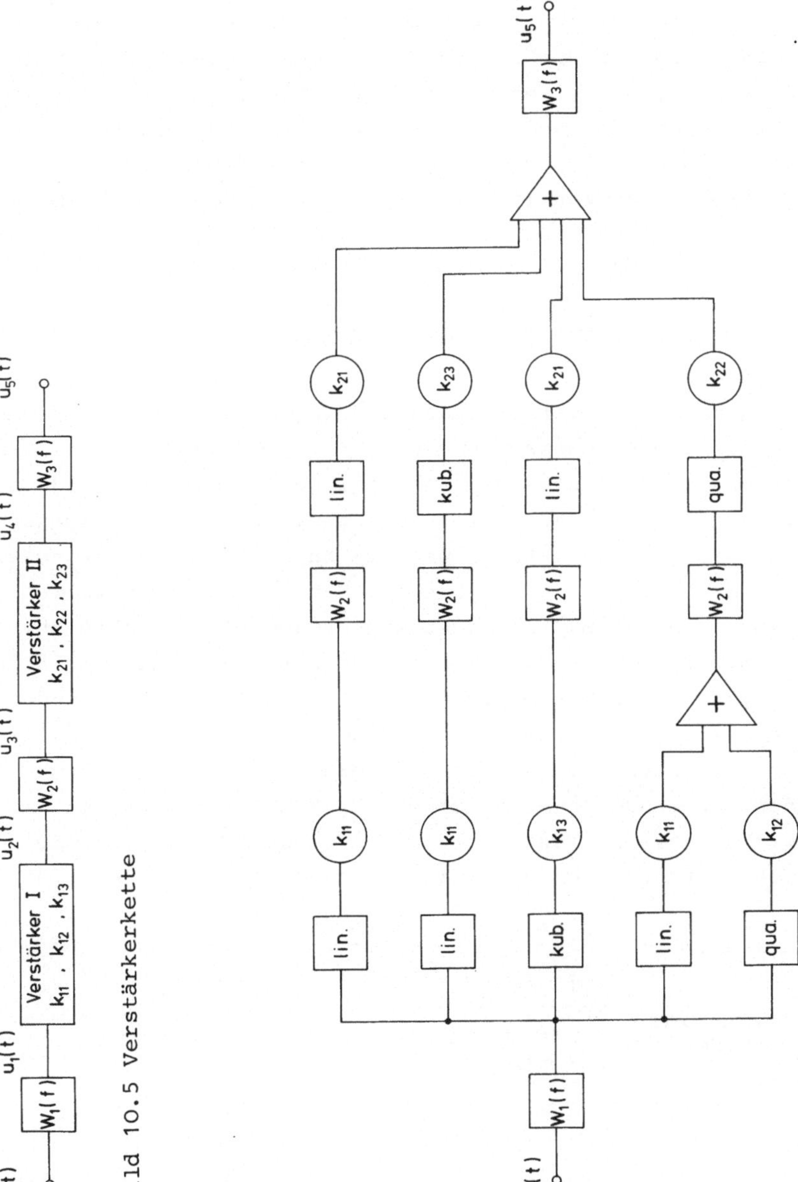

Bild 10.5 Verstärkerkette

Bild 10.6 Ersatzbild der Verstärkerkette

An der Gl. 10.7 ist deutlich zu erkennen, wie die Amplitude $\hat{u}_{5a}$ durch
$\hat{u}_{Ob}^2$ störamplitudenmoduliert wird und Nebensprechen von Kanal b zu Kanal a entsteht. Wenn $W_2(f)$ nur Kanalfrequenzen wie f_a und f_b durchläßt,
entfällt der Term mit den quadratischen Verzerrungen. Derartige Verzerrungen treten stets bei zwei- oder mehrstufigen nichtlinearen Verstärkern auf, wenn zwischen den Stufen die quadratischen Verzerrungen nicht
unterdrückt werden. Man erkennt auch, daß die Frequenzabhängigkeit des
Nebensprechens sich in komplizierter Weise aus den Teilübertragungsfaktoren $W_1(f)$ und $W_2(f)$ zusammensetzt und bei der Frequenz f_a Werte
für ganz andere Frequenzen (f_b, $f_a + f_b$, $f_a - f_b$, Null) wirksam werden.

10.3 Linearisierung gedächtnisbehafteter Polynomsysteme

Die meisten nichtlinear verzerrenden Übertragungssysteme lassen sich als
gedächtnisbehaftete Polynomsysteme mit linearem, quadratischem und ku-
bischem Potenzsystem darstellen. Eine solche Darstellung wurde schon
in Kap. 6.4 eingeführt. Dort wurde auch gezeigt, daß die Eigenschaften
der einzelnen Teile des Systems, wie sie in Bild 6.9 angegeben sind,
durch Messungen bestimmt werden können. Dabei kann das wirkliche System
erheblich komplexer sein, als diese Wiedergabe als gedächtnisbehaftetes
Polynomsystem. Diese Wiedergabe gilt dann nur als brauchbare Näherung
des realen Systems für den betrachteten Frequenz- und Amplitudenbereich.
Ein solches System läßt sich, wie in Bild 10.7 gezeigt, linearisieren,
indem die quadratischen und kubischen Verzerrungen im Empfänger kompen-
siert werden. Untersuchungen an einer AM/FM-Telemetrieanlage [18] zeig-
ten, daß sich die Verzerrungen erheblich reduzieren lassen. Bei diesem
Kompensationsverfahren muß allerdings vorausgesetzt werden, daß die Ver-

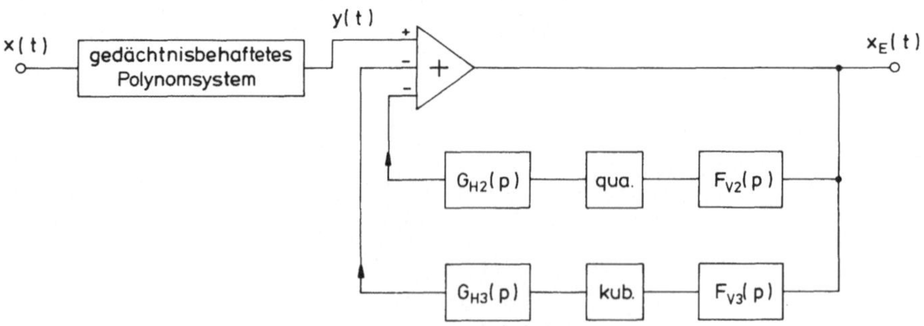

Bild 10.7 Linearisierung eines Polynomsystems

zerrungen nicht zu groß sind. Man spricht von fastlinearen Übertragungs-
systemen. Der lineare Übertragungsfaktor $F_1(p)$ muß im Kompensationsteil
in den Teilübertragungsfaktoren $G_{H2}(p)$ und $G_{H3}(p)$ berücksichtigt werden.
Es ergibt sich aus den gemessenen Teilübertragungsfaktoren $F_{H2}(p)$ und
$F_{H3}(p)$ des Polynomsystems $G_{H2}(p) = F_{H2}(p)/F_1(p)$ und $G_{H3}(p) = F_{H3}(p)/F_1(p)$.
Das Ausgangssignal $x_E(t)$ ist dann verzerrungsärmer als das übertragene
Signal $y(t)$.

11 Einfluß nichtlinearer Kennlinien auf statistische Signaleigenschaften

Eine nichtlineare Kennlinie $y = f(x)$ verändert die Wahrscheinlichkeitsdichteverteilung $w(x)$ der Eingangsgröße x. Es gilt für die Verteilungsdichte $v(y)$ der Ausgangsgröße y

$$\left| v(y) \cdot dy \right| = \left| w(x) \cdot dx \right| \tag{11.1}$$

Daraus folgt

$$v(y) = w(x) \cdot \left| dx/dy \right| \tag{11.2}$$

Bild 11.1 zeigt für einige Kennlinien $f(x)$, wie sich aus $w(x)$ die neue Verteilungsdichte $v(y)$ bzw. die Verteilung $\int_{-\infty}^{y} v(\eta)d\eta$ ergibt.

Bei Verbundwahrscheinlichkeitsdichteverteilungen $w(x_1 \ldots x_n)$ ergibt sich die neue Verteilungsdichte $v(y_1 \ldots y_n)$ mit Hilfe der Jacobi'schen Determinante J [19] zu

$$v(y_1 \ldots y_n) = w(x_1 \ldots x_n)/\left| J \right| \tag{11.3}$$

mit

$$J = \begin{vmatrix} \partial f_1/\partial x_1 & \cdots & \partial f_n/\partial x_1 \\ \vdots & & \vdots \\ \partial f_1/\partial x_n & \cdots & \partial f_n/\partial x_n \end{vmatrix}$$

und $y_1 = f_1(x_1 \ldots x_n), \ldots y_n = f_n(x_1 \ldots x_n)$.

Verbundwahrscheinlichkeitsdichten treten bei Signalen auf, deren aufeinanderfolgende Werte statistisch abhängig sind, wenn also das Signal von einer gedächtnisbehafteten Quelle erzeugt wird. Die einfachste statistische Abhängigkeit ist die Korrelation. Diese statistische Abhän-

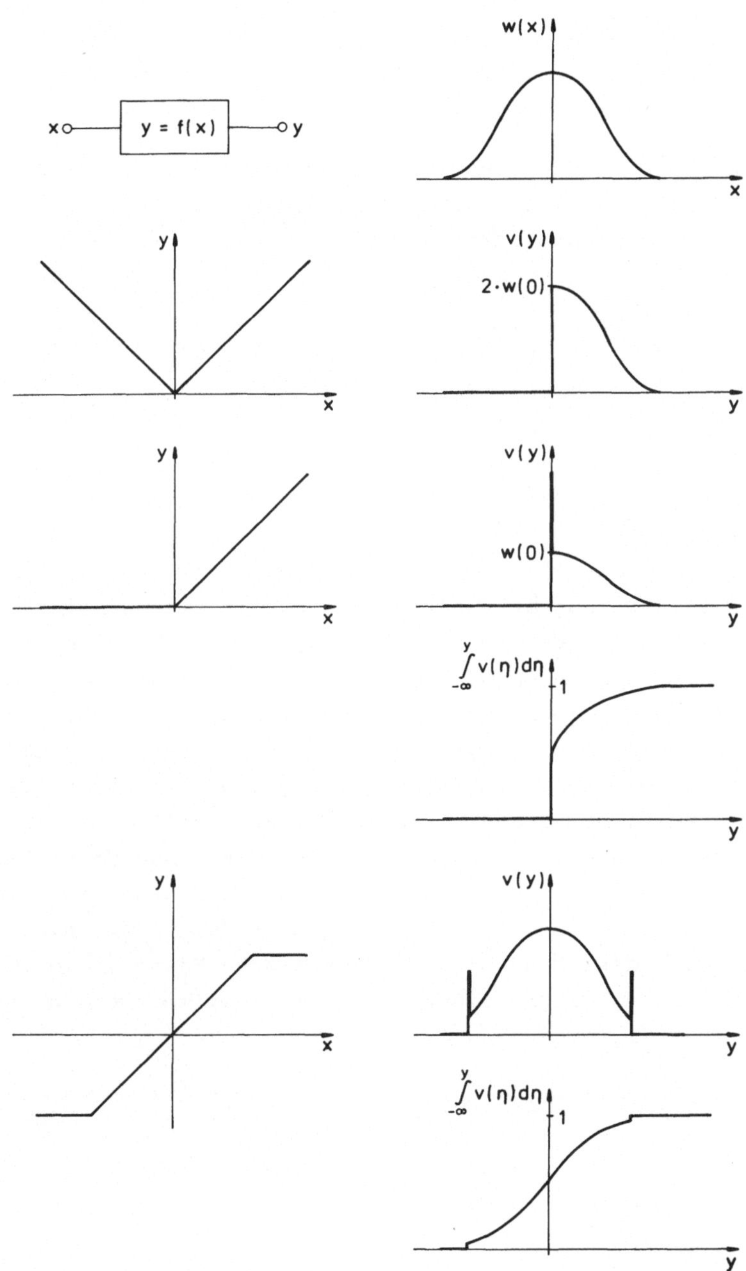

Bild 11.1 Veränderungen von Verteilungen und Verteilungsdichten
         durch nichtlineare Kennlinien

gigkeit im Signal x(t) läßt sich durch die Autokorrelationsfunktion
$\varphi_{xx}(\tau)$ oder das Leistungsdichtespektrum $\Phi_{xx}(f)$ beschreiben, wobei be-
kanntlich [19] $\Phi_{xx}(f)$ die Fouriertransformierte zu $\varphi_{xx}(\tau)$ ist. Nun gilt

$$\varphi_{xx}(\tau) = \int\limits_{-\infty}^{+\infty} \int\limits_{-\infty}^{+\infty} x_1 \cdot x_2 \cdot w(x_1, x_2) \, dx_1 \cdot dx_2 \qquad\qquad (11.4)$$

wobei x_1, x_2 Paare von Signalwerten im zeitlichen Abstand τ sind. Aus
Gl. 11.4 läßt sich für eine nichtlineare Kennlinie $y = f(x)$ die neue
Autokorrelationsfunktion

$$\varphi_{yy}(\tau) = \int\limits_{-\infty}^{+\infty} \int\limits_{-\infty}^{+\infty} f(x_1) \cdot f(x_2) \cdot w(x_1, x_2) \, dx_1 \cdot dx_2 \qquad\qquad (11.5)$$

berechnen. Lösungen dieses Integrals und des zugehörigen Leistungsdich-
tespektrums $\Phi_{yy}(f)$ für bestimmte nichtlineare Funktionen sind in [20]
enthalten.

Die Veränderung der Wahrscheinlichkeitsdichteverteilung durch nichtlineare Kennlinien $y = f(x)$ gibt die Möglichkeit, die Kennlinie aus den
Dichteverteilungen $w(x)$ und $v(y)$ zu berechnen. Das gelingt aber nur für
nichtlineare gedächtnisfreie Übertragungssysteme. Ist diesem nichtlinearen System ein lineares gedächtnisbehaftetes System vorgeschaltet, so
muß als $w(x)$ eine Normalverteilung gewählt werden. Denn für ein lineares System gilt, daß nur eine Normalverteilung am Eingang in eine Normalverteilung am Ausgang überführt wird. Auf diese Weise wird erreicht,
daß die Verteilung zwischen linearem und nichtlinearem System bekannt
ist und aus dem meßbaren $v(y)$ hinter dem nichtlinearen System die Funktion $y = f(x)$ bis auf einen konstanten Faktor, die unbekannte Leistungs-
änderung durch das lineare System, bestimmt werden kann.

Literaturverzeichnis

Bücher über Grundlagen

1   Chua, L.: Introduction to nonlinear Network Theory. New York: Mc Graw Hill 1969.

2   Philippow, E.: Nichtlineare Elektrotechnik. Leipzig: Geest und Portig 1963.

3   Cunningham, W.J.: Introduction to Nonlinear Analysis. New York: Mc Graw Hill 1958.

4   1 Tietze, U.; Schenk, Ch.: Halbleiterschaltungstechnik. Berlin, Heidelberg, New York: Springer 1980.

    2 Sheingold, D.H.: Nonlinear Circuits Handbook. Norwood, Massachusetts: Analog Devices Inc. 1974.

Veröffentlichungen über Wechselstromnetzwerke und Systeme

5   Manley, J.M.: Rowe, H.E.: Some general properties of non-linear elements-part I: General energy relations. Proc. IRE 44 (1956), S.904-913.

6   Steiner, K.H.; Pungs, L.: Parametrische Systeme. Stuttgart: Hirzel 1965.

7   Butterweek, H.J.: Frequenzabhängige nichtlineare Übertragungssysteme. AEÜ Band 21 (1967), S.239-254.

Bücher über Ausbreitung in nichtlinearen Medien

8   Steiner, K.H.: Interaction between Electromagnetic Fields and Matter. Braunschweig: Vieweg 1973.

9   Karpmann, V.I.: Nichtlineare Wellen in dispersiven Medien. Braunschweig: Vieweg 1977.

Veröffentlichungen über Anwendungen

10 Penfield, P.; Refuse, R.P.: Varactor Applications. Massachusetts: MIT Press 1962.

11 Geyger, W.A.: Magnetverstärker-Schaltungen. Stuttgart: Berliner Union 1959.

12 Goto, E.: The Parametron, a Digital Computing Element which utilizes Parametric Oscillations. Proc. IRE 47 (1959), S.1304-1316.

13 Friedländer, E.: Grundlagen der Ausnutzung höchster Eisensättigungen für die Starkstromtechnik. ETZ-A 79 (1958), S.104-110.

14 Urtel R.: Erzeugung von Schwingungen mit wesentlich nichtlinearen
   negativen Widerständen. Nachrichtentechnische Fachberichte, Band 13
   (1958).

15 Elsner, R.: Nachrichtentheorie, 1 Grundlagen, 2 Der Übertragungska-
   nal. Stuttgart: Teubner 1974, 1977.

16 Kröger, P.; Skupin, W.: Nichtlineare Verzerrungen in Funkempfängern.
   ntz.Archiv (1979), S.25-27.

17 Buhrmester, H.: Nichtlineare Verzerrungen in Breitband-Antennenver-
   stärkern für den Fernseh-Rundfunk. Braunschweig: Dissertation 1970.

18 Schneider, W.: Über die Verbesserung der Störabstände von AM/FM-Tele-
   metrieanlagen insbesondere durch Linearisierung des FM-Übertragungs-
   systems und durch Regelung des Frequenzhubes. Braunschweig: Dissertation 1971.

Veröffentlichungen über nichtlineare Verzerrungen stochastischer Signale

19 Davenport, W.; Root, W.: Random Signals and Noise. New York: Mc Graw
   Hill 1958.

20 Kettel, E.: Die nichtlineare Verzerrung eines normalverteilten
   Rauschsignals. AEÜ 22 (1968), S.163-170.

Sachverzeichnis

Nachrichtentechnik

Herausgeber:
H. Marko

Springer-Verlag
Berlin
Heidelberg
New York

Band 1
H. Marko
Methoden der Systemtheorie
Die Spektraltransformation und ihre Anwendungen
1977. 87 Abbildungen, 11 Tabellen. XVII, 220 Seiten
DM 68,–   ISBN 3-540-08106-2

"...ist außer zum Erststudium der Systemtheorie vor allem
für jene zu empfehlen, die sich mit einer bloßen Anwendung
der Laplacetransformation nach Anweisung nicht begnügen.
Der beschränkte mathematische Aufwand erleichtert das
Studium auch dem in der Praxis stehenden Ingenieur."
Elin Zeitschrift

Band 2
P. Hartl
Fernwirktechnik der Raumfahrt
Telemetrie, Telekommando, Bahnvermessung
Berichtigter Nachdruck. 1980. 104 Abbildungen, 8 Tabellen.
XIII, 208 Seiten. DM 54,–   ISBN 3-540-08172-0

"...Als hervorragender Kenner behandelt der Verfasser in leicht
verständlicher Sprache, welche fernwirk- und funktechnischen
Anforderungen die Raumfahrt stellt und wie man ihnen ge-
recht wird...Mit einleuchtenden Bildern und Beispielen zu den
wichtigsten Formeln werden die Grundlagen gut veranschau-
licht. Obwohl als Hochschulvorlesung gedacht, kann jeder
technisch interessierte Leser aus diesem Buch ein Gebiet mo-
dernster Technik in prägnanter Kürze verstehen lernen."
Frequenz

Band 3
E. Lüder
Bau hybrider Mikroschaltungen
Einführung in die Dünn- und Dickschichttechnologie
1977. 141 Abbildungen. IX, 166 Seiten
DM 54,–   ISBN 3-540-08289-1

"...vermittelt dieses Buch durch den umfassenden Rahmen,
die Zusammenstellung der wichtigsten Standardliteratur und
durch ein in Stichworten gegliedertes, umfangreiches Sachver-
zeichnis nicht nur die als Ziel genannte Einführung, sondern
bietet darüberhinaus auch den Einstieg zu einer weiteren Ver-
tiefung in Detailfragen dieser Technologie. Verdienstvoll ist
ferner, daß diese Thematik einmal in voller Breite in
deutscher Sprache dargestellt wird."   *Thin Solid Films*

Band 4
H. Kremer
Numerische Berechnung linearer Netzwerke und Systeme
1978. 29 Abbildungen. X, 179 Seiten
DM 54,–   ISBN 3-540-08402-9

"...Der Text ist durchweg leicht lesbar und mit Beispielen ergänzt... Im Anhang sind wichtige Verfahren als FORTRAN-
Unterprogramme beigefügt. ...ermöglicht dem Ingenieur
nicht nur einen guten Einblick in moderne numerische
Methoden zur Netzwerk- und Systemanalyse, sondern stellt
auch eine praktische Arbeitshilfe dar, wozu ein Sachregister
und ein Literaturverzeichnis beitragen." *Rundfunktechn. Mittlg.*

Nachrichtentechnik

Herausgeber: H. Marko

Band 5
G. Färber

Prozeßrechentechnik

Allgemeines, Hardware und Software, Planungshinweise
1979. 98 Abbildungen, 5 Tabellen. X, 208 Seiten
DM 48,–   ISBN 3-540-09263-3

"…dient als einführende und folglich willkommene Hilfe für die in der praktischen Berufsarbeit stehenden Ingenieure, die bislang Schaltungsentwicklungen in konventioneller Technik durchgeführt haben und sich jetzt mit der neuen Technologie vertraut machen wollen." *Messen und prüfen*

Band 6
E. Herter, H. Rupp

Nachrichtenübertragung über Satelliten

Grundlagen und Systeme, Erdefunkstellen und Satelliten
1979. 73 Abbildungen. XIII, 205 Seiten
DM 58,–   ISBN 3-540-09439-3

"…wendet sich an Studenten und Ingenieure der Nachrichtentechnik, die eine Gesamtdarstellung der zur Satellitenübertragung benutzten Einrichtungen suchen. Es ist jedoch auch allen jenen zu empfehlen, die auf einem der vielen von der Satellitentechnik tangierten Gebiete arbeiten und sich einen aktuellen Überblick über Nachrichtensatelliten verschaffen wollen." *Nachrichten Elektronik*

Band 7
R. Lücker

Einführung in die Theorie linearer zeitdiskreter Systeme und Netzwerke
1980. 96 Abbildungen, 9 Tabellen. X, 255 Seiten
DM 58,–   ISBN 3-540-10198-5

Das Buch beschäftigt sich mit system- und netzwerktheoretischen Methoden zur Untersuchung und Entwicklung digitaler Filter in einer Form, die gleichermaßen Studenten und Ingenieuren der Nachrichtentechnik und verwandter Fachgebiete als Einführung dienen soll. Im Mittelpunkt der Betrachtungen stehen lineare zeitdiskrete Systeme und Netzwerke, also mathematische Modelle digitaler Filter.

Springer-Verlag
Berlin
Heidelberg
New York